Lecture Notes in Mathematics

A collection of informal reports and seminars
Edited by A. Dold, Heidelberg and B. Eckmann, Zürich

Series: Université de Nice, Faculté des Sciences
Adviser: J. Dieudonné

126

Pierre Schapira

Faculté des Sciences, Université de Nice
Nice/France

Théorie des Hyperfonctions

Springer-Verlag
Berlin · Heidelberg · New York 1970

 Library of Congress Catalog Card Number 73-116601 Printed in Germany.
Title No. 3282

INTRODUCTION

La théorie des hyperfonctions est une généralisation de la théorie des distributions de L. SCHWARTZ. Les hyperfonctions sont "localement" des fonctionnelles analytiques, de même que les distributions sont "localement" à support compact. Cependant, et c'est ce qui fait leur intérêt, les hyperfonctions ont des propriétés très différentes de celles des distributions, la plus remarquable étant que toute hyperfonction sur un ouvert de $\mathbb{R}^n$ est "prolongeable" à l'espace entier.

Avant d'être définies par A.MARTINEAU (27) comme "sommes localement finies de fonctionnelles analytiques" les hyperfonctions ont été introduites par M.SATO (32) comme "valeurs au bord de fonctions holomorphes". Cette dernière interprétation nécessite l'introduction de méthodes de la cohomologie des faisceaux, aussi n'est-elle exposée qu'au dernier chapitre.

Les hyperfonctions, et les opérations sur les hyperfonctions (convolution, multiplication etc...) sont construites au premier chapitre. Ce chapitre contient aussi un théorème du type DOLBEAULT-GROTHENDIECK sur la résolution du faisceau des fonctions holomorphes par des faisceaux d'hyperfonctions.

Le chapitre II traite des valeurs au bord des solutions des équations elliptiques : si P est un opérateur elliptique d'ordre m à coefficients analytiques au voisinage d'une hypersurface S, les m-uples d'hyperfonctions de S sont les "valeurs au bord" des solutions analytiques dans le complémentaire de S de l'équation

$$P\,u = 0$$

Cette représentation permet de démontrer simplement, en reprenant une méthode dûe à G. BENGEL (1) le "théorème de régularité elliptique" pour les hyperfonctions.

Le dernier paragraphe de ce chapitre concerne la représentation des distributions dans le cas particulier de l'opérateur $\partial/\partial\bar{z}$ et est une introduction au chapitre IV § 3.

Quelques problèmes classiques d'analyse sont abordés dans le cadre des hyperfonctions au chapitre III :

- Résolution des systèmes surdéterminés à coefficients constants ; (H.KOMATSU (21)). On représente, pour résoudre ce problème, les hyperfonctions comme valeurs au bord de fonctions harmoniques (KOMATSU utilise les fonctions holomorphes) et on applique le théorème de MALGRANGE-EHRENPREIS.

- Condition nécessaire de "résolubilité" des opérateurs différentiels du premier ordre (P. SCHAPIRA (34)). On montre dans ce paragraphe comment, bien que l'espace des hyperfonctions sur un ouvert n'ait pas de topologie naturelle séparée, on peut utiliser la technique des "inégalités à priori" pour résoudre des équations aux dérivées partielles.

- Problème de division (par des matrices analytiques). Les démonstrations sont beaucoup plus simples que pour les distributions. Il suffit de "transposer" et "recoller" les théorèmes de OKA et CARTAN.

La théorie des valeurs au bord des fonctions holomorphes est étudiée au chapitre IV.

La démonstration du théorème de SATO est simplifiée par le théorème du type DOLBEAULT-GROTHENDIECK du chapitre I (ce dernier théorème est un cas particulier du théorème de KOMATSU mais cet auteur utilise le théorème de SATO pour le démontrer).

Le théorème de SATO permet, grâce au théorème des "recouvrements acycliques" de J.LERAY de représenter les hyperfonctions comme valeurs au bord de fonctions holomorphes. Seul un recouvrement particulier est considéré dans ce chapitre, et le "processus de WEIL" permettant de passer des fonctions holomorphes aux hyperfonctions est étudié en détail. On montre que ce processus "commute" avec les produits tensoriels ce qui permet dans l'étude de certains problèmes de se ramener à la dimension un.

La représentation des distributions et le théorème du "Edge of the Wedge" sont abordés superficiellement. Ce chapitre se termine par quelques applications, notamment aux équations de convolution.

Ce livre commence par deux chapitres préliminaires :

- Le chapitre A contient les principaux résultats de la théorie des espaces vectoriels topologiques, des équations aux dérivées partielles, des fonctions de plusieurs variables complexes, utilisés par la suite.
- Le chapitre B est un exposé, le plus concis possible, de la théorie des faisceaux.

Seuls le premier paragraphe et la définition B.21 du paragraphe 2 sont nécessaires à la compréhension des chapitres I, II et III. Autrement dit ces chapitres ne demandent aucune connaissance de la cohomologie des faisceaux.

La rédaction du chapitre B s'inspire évidemment du livre de R. GODEMENT (11) mais les suites spectrales ne sont pas utilisées.

Les chapitres de ce livre sont divisés en paragraphes et les énoncés sont munis d'une triple numérotation correspondant à cette division.

Chaque chapitre se termine par un court commentaire historico-bibliographique.

Le lecteur reconnaitra peut-être dans ce texte l'influence de M. André MARTINEAU. C'est en effet à lui que nous devons notre initiation à cette théorie et beaucoup d'idées de ce livre lui appartiennent.

Ce livre est basé sur un cours donné à Rio de Janeiro, à l' "Instituto de Matematica Pura e Aplicada" du "Conselho Nacional de Pesquisas" en Avril - Juillet 1969 alors que l'auteur était invité comme "Professor Visitante" et était simultanément "Attaché de Recherches" au "Centre National de la Recherche Scientifique" (France).

Nous remercions ces institutions.

Nous voudrions aussi remercier nos collègues de l' I.M.P.A. qui ont participé à notre cours et particulièrement M. Leopoldo NACHBIN.

Pierre S C H A P I R A

Rio de Janeiro

Août 1 9 6 9

TABLE DES MATIÈRES

PRÉLIMINAIRES

Nous adopterons les notations et les conventions communes des livres suivants :

En ce qui concerne

- la théorie des espaces vectoriels topologiques (13) (cf. aussi (3));
- la théorie des distributions (37);
- la théorie des équations aux dérivées partielles (18) (cf. aussi (23));
- la théorie des fonctions de variables complexes (19) (cf. aussi (16)) ;
- la théorie des faisceaux (11).

Nous supposerons connues les principaux résultats de (13) et (37) et dans une moindre mesure ceux de (18) et (19). Cependant nous préférons rappeler au chapitre A les théorèmes fondamentaux que nous utiliserons.

Au chapitre B nous exposerons les définitions et résultats de (11) dont nous avons besoin. Comme nous l'avons déjà dit seuls les deux premiers paragraphes de ce chapitre sont utilisés aux chapitres 1, 2, 3.

Nous désignerons en général par Ω un ouvert de $\mathbb{R}^n$ et si $\mathbb{R}^n$ est plongé dans $\mathbb{R}^{n+1}$ ou dans $\mathbb{C}^n$ par $\tilde{\Omega}$ un ouvert de $\mathbb{R}^{n+1}$ ou de $\mathbb{C}^n$. Soit Ω un ouvert de $\mathbb{R}^n$. Nous désignerons par :

$\mathcal{D}(\Omega)$, $\mathcal{E}(\Omega)$, $C^p(\Omega)$, $\mathcal{E}'(\Omega)$, $\mathcal{D}'(\Omega)$, $\mathfrak{A}(\Omega)$

l'espace des fonctions indéfiniment différentiables à support compact dans Ω, indéfiniment différentiable sur Ω, p fois continuement différentiable sur Ω, l'espace des distributions à supports compacts dans Ω, des distributions sur Ω, des fonctions analytiques sur Ω.

Tous ces espaces vectoriels sont complexes et seront munis , sauf le dernier, de leur topologie "naturelle", c'est-à-dire définie dans (37).

Si $\tilde{\Omega}$ est un ouvert de $\mathbb{C}^n$, $H(\tilde{\Omega})$ désignera l'espace des fonctions holomorphes sur $\tilde{\Omega}$ muni de sa topologie naturelle d'espace de FRÉCHET.

On désignera par $\mathcal{O}$ le faisceau des fonctions holomorphes sur $\mathbb{C}^n$.

Soit $x = (x_1, \ldots, x_n) \in \mathbb{R}^n$ et $z = (z_1, \ldots, z_n) \in \mathbb{C}^n$.

$z = x + iy \qquad i = \sqrt{-1}$

$\bar{z} = x - iy$

On pose :

$$D_{x_j} = 1/i \ \partial/\partial x_j$$

$$D_{z_j} = 1/i \ \partial/\partial z_j$$

Si $\alpha = (\alpha_1, \ldots, \alpha_n) \in \mathbb{N}^n$, on pose :

$$|\alpha| = \alpha_1 + \ldots + \alpha_n$$

$$D_x^\alpha = D_{x_1}^{\alpha_1} \ldots\ldots D_{x_n}^{\alpha_n}$$

$$D_z^\alpha = D_{z_1}^{\alpha_1} \ldots\ldots D_{z_n}^{\alpha_n}$$

S'il n'y a pas de confusion possible on écrira :

D_j pour D_{x_j} ou D_{z_j}

D^α pour D_x^α ou D_z^α .

Si P est un polynôme à n indéterminées $P(\xi) = \sum_\alpha a_\alpha \xi^\alpha$

on pose

$$P(D) = \sum_\alpha a_\alpha D^\alpha$$

$$P_m(D) = \sum_{|\alpha| = m} a_\alpha D^\alpha$$

Tous les opérateurs différentiels que nous considérons seront, sans qu'on le rappelle, linéaires.

CHAPITRE A

RAPPELS

§ 1 - Espaces vectoriels topologiques.

Nous écrivons "E V T" pour "espace vectoriel topologique localement convexe" , "F.S." pour "FRÉCHET-SCHWARTZ", "D.F.S." pour "dual de FRÉCHET-SCHWARTZ".

THÉORÈME A.11 (13)

a) Soit E un E.V.T. du type F.S. (resp. D.F.S.) et N un sous-espace fermé de E. Alors N et E/N sont du type F.S. (resp. D.F.S.).

b) Si u est une application linéaire continue de E dans F, deux E.V.T. du type F.S. (resp. D.F.S.) on a les équivalences :

- u est un homomorphisme
- u est d'image fermée
- ${}^t u$ est un homomorphisme

THÉORÈME A.12 ("théorème du graphe fermé", cf. par ex. 8).

Soit E un E.V.T. ultra-bornologique et F un E.V.T. obtenu par passage aux limites inductives dénombrables et projectives dénombrables d'espacesde BANACH

Soit u une application linéaire de graphe fermé de E dans F.
Alors u est continue.

THÉORÈME A.13 (3)

Soit E un espace de FRÉCHET, F un espace métrisable et u une forme bilinéaire séparément continue sur $E \times F$. Alors u est continue.

THÉORÈME A.14 (13)

Soit E un E.V.T. séparé. E_n une suite d'espaces de FRÉCHET avec :

$$E_n \hookrightarrow E_{n+1} \hookrightarrow E$$

$$\bigcup_n E_n = E$$

Soit F un espace de FRÉCHET avec

$$F \hookrightarrow E$$

Alors il existe un n tel que

$$F \hookrightarrow E_n.$$

§ 2 - Équations aux dérivées partielles.

a) Opérateurs elliptiques.

DÉFINITION A.21 (23)

Soit $P = P(x, D_x)$ un opérateur différentiel d'ordre m à coefficients analytiques sur un ouvert Ω de $\mathbb{R}^n$. On dit que P est elliptique si :

$$\forall x_o \in \Omega, \quad \forall \xi \in R^n - \{0\},$$

$$P_m(x_o, \xi) \neq 0.$$

THÉORÈME A.21 (23, p. 341)

Soit P un opérateur elliptique à coefficients analytiques dans un ouvert Ω de $\mathbb{R}^n$. Alors :

$$P\,\mathcal{D}'(\Omega) = \mathcal{D}'(\Omega)$$

$$P\mathcal{E}(\Omega) = \mathcal{E}(\Omega)$$
$$P\mathcal{A}(\Omega) = \mathcal{A}(\Omega) .$$

THÉORÈME A.22 (cf. 18).

Soit sous les hypothèses du théorème A.21 $u \in \mathcal{D}'(\Omega)$ solution de :

$$Pu = 0$$

Alors $u \in \mathcal{A}(\Omega)$.

THÉORÈME A.23

Soit sous les hypothèses du théorème A.21 ,

$$\Omega = \bigcup_{i \in I} \Omega_i$$

un recouvrement ouvert de Ω et

$$f_{i,j} \in \mathcal{A}\ (\Omega_i \cap \Omega_j) \quad \text{avec}$$

$$P\, f_{i,j} = 0$$

$$f_{i,j} = - f_{j,i} \qquad \forall\ i, j$$

$$f_{i,j} + f_{j,k} + f_{k,i} = 0 \text{ dans}$$

$$\Omega_i \cap \Omega_j \cap \Omega_k \quad \forall_{i,j,k} .$$

Alors il existe

$$f_i \in \mathcal{A}(\Omega_i)$$

avec $P\, f_i = 0$

$$f_{i,j} = f_i - f_j \text{ dans } \Omega_i \cap \Omega_j \quad \forall_{i,j} .$$

La démonstration de ce théorème est la même que celle du théorème 145 de (19).

Signalons que si P est elliptique dans Ω, ${}^tP$, son transposé , est elliptique dans Ω.

b) Théorème de CAUCHY-KOWALEWSKI.

THÉORÈME A.24 (cf. 18)

Soit Ω un ouvert de $\mathbb{R}^n$ plongé dans $\mathbb{R}^{n+1}$ par $x \to (x, 0)$ et $P(x, D_x)$ un opérateur différentiel à coefficients analytiques au voisinage de Ω dans $\mathbb{R}^{n+1}$ et d'ordre $m > 0$. On suppose que :

$$P_m(x, \xi) \neq 0$$

si $\qquad x \in \Omega \times \{0\}$

$$\xi = (0, \ldots 0, \xi_{n+1}), \ \xi_{n+1} \neq 0.$$

Soit ${}_{n+1}\mathcal{O}\!\mathcal{C}(\Omega)$ l'espace des fonctions analytiques au voisinage de Ω dans $\mathbb{R}^{n+1}$ et ${}_n\mathcal{O}\!\mathcal{C}(\Omega)$ l'espace des fonctions analytiques dans Ω.

Alors l'application :

$$ {}_{n+1}\mathcal{O}\!\mathcal{C}(\Omega) \longrightarrow {}_{n+1}\mathcal{O}\!\mathcal{C}(\Omega) \times {}_n\mathcal{O}\!\mathcal{C}(\Omega)^m $$

$$ f \longrightarrow P f \ , \quad D^i_{n+1} f \Big|_{x_{n+1}=0} \quad i=0, \ldots m-1 $$

est un isomorphisme.

c) Le théorème de MALGRANGE-EHRENPREIS sur les systèmes différentiels.

Désignons par

$$\mathbb{C}[D] = \mathbb{C}[D_1, \ldots D_n]$$

l'anneau des polynômes différentiels à coefficients dans $\mathbb{C}$ sur $\mathbb{R}^n$.

Soit (P) une matrice (q, p) (q lignes, p colonnes) à coefficients dans $\mathbb{C}[D]$.

L'ensemble des matrices Q de type (1, q) telles que

$$Q \circ P = 0$$

est un sous-module de $\mathbb{C}[D]^q$.

Comme l'anneau $\mathbb{C}[D]$ est noethérien il existe $Q_1, \dots Q_r$ matrices (1, q) qui engendrent ce module sur $\mathbb{C}[D]$.

Désignons par (Q) la matrice de type (r , q)

$$Q = \begin{pmatrix} Q_1 \\ \vdots \\ Q_r \end{pmatrix}$$

Rappelons que si A, B, C sont des groupes abéliens, u et v des morphismes de groupes

(1) $$A \xrightarrow[u]{} B \xrightarrow[v]{} C$$

on dit que la suite (1) est un complexe (de groupes) si

$$\mathrm{Im}\ u \subset \mathrm{Ker}\ v$$

et est exacte si

$$\mathrm{Im}\ u = \mathrm{Ker}\ v$$

THÉORÈME A.25 (24, 10).

Soit Ω un ouvert convexe de $\mathbb{R}^n$.

La suite

$$\mathcal{E}^p(\Omega) \xrightarrow[(P)]{} \mathcal{E}^q(\Omega) \xrightarrow[(Q)]{} \mathcal{E}^r(\Omega)$$

est exacte.

COROLLAIRE

Si P est un opérateur différentiel à coefficients constants, pour tout ouvert convexe Ω de $\mathbb{R}^n$ on a :

$$P\,\mathcal{E}(\Omega) = \mathcal{E}(\Omega).$$

§ 3 - Fonctions de variables complexes (cf. 19).

a) Fonctions d'une variable complexe.

Soit ω un ouvert borné de $\mathbb{C}$ à frontière "régulière" (par exemple C^{∞}).
On supposera toujours $\partial\omega$ orientée pour que ω soit à gauche de $\partial\omega$.

THÉORÈME A.31 ("Formule de CAUCHY").

Soit $u \in C^1(\overline{\omega})$, $\xi \in \omega$.

$$u(\xi) = \frac{1}{2i\pi}\left[\int_{\partial\omega} \frac{u(z)}{z-\xi}\,dz + \iint_{\omega} \frac{\partial u/\partial\bar{z}}{z-\xi}\,dz \wedge d\bar{z}\right]$$

COROLLAIRE

Considérons la fonction $\frac{1}{z}$ localement sommable sur $\mathbb{R}^2$. On a :

$$\frac{\partial}{\partial\bar{z}}\left(\frac{1}{\pi z}\right) = \delta .$$

b) Plusieurs variables complexes.

DÉFINITION A.31

On dit qu'un compact $K \subset \mathbb{C}^n$ est polynomialement convexe si :

$$\forall z_0 \notin K \quad \text{il existe } P \in \mathbb{C}\left[z_1, \dots z_n\right] \quad \text{tel que}$$

$$\left|P(z_0)\right| > \sup_{z \in K} \left|P(z)\right|$$

Il est facile de voir qu'un compact convexe est polynomialement convexe et il résulte du théorème de STONE-WEIERSTRASS qu'il en est de même d'un compact réel (i.e. : $K \subset \mathbb{R}^n \subset \mathbb{C}^n$) .

Nous ne rappellerons pas la définition d'un ouvert d'holomorphie de $\mathbb{C}^n$ (19).

DÉFINITION A.32.

Soit $\tilde{\Omega}$ un ouvert d'holomorphie de $\mathbb{C}^n$. On dit que $\tilde{\Omega}$ est de Runge si $H(\mathbb{C}^n)$ est dense dans $H(\tilde{\Omega})$.

THÉORÈME A.32.

Soit K un compact polynômialement convexe de $\mathbb{C}^n$.

K admet un système fondamental de voisinages ouverts de Runge.

THÉORÈME A.33. (12)

Soit Ω un ouvert de $\mathbb{R}^n$. Ω admet dans $\mathbb{C}^n$ un système fondamental de voisinages ouverts d'holomorphie .

Pour la signification du théorème ci-dessous, cf. le chapitre B.

THÉORÈME A.34.

Soit $\tilde{\Omega}$ un ouvert d'holomorphie de $\mathbb{C}^n$.

$$\forall p > 0 \quad H^p(\tilde{\Omega}, \theta) = 0$$

§ 4 - Équations de convolution.

Pour les notions utilisées dans le théorème A.41 , cf. le chapitre 1.

THÉORÈME A.41 (29).

Soit $u \in \mathcal{E}'(\mathbb{R}^n)$, $v \in \mathcal{O}\mathcal{C}'(\mathbb{R}^n)$.

On suppose que le support de v est un point. Alors :

Si $\tilde{\Omega} = \mathbb{R}^n \times i\,\omega$ est un tube convexe de $\mathbb{C}^n$

$$u * H(\tilde{\Omega}) = H(\tilde{\Omega})$$
$$v * H(\tilde{\Omega}) = H(\tilde{\Omega}).$$

CHAPITRE B

COHOMOLOGIE DES FAISCEAUX

Dans ce chapitre, X désignera un espace topologique.

§ 1 - Faisceaux.

a) Définitions

DÉFINITION B.11.

On appelle préfaisceau F (de groupes abéliens) sur X, la donnée pour tout ouvert Ω de X d'un groupe abélien $F(\Omega)$, et pour toute inclusion $\Omega_2 \subset \Omega_1$ d'un morphisme de groupes

$$F(\Omega_1) \to F(\Omega_2)$$

dit de restriction, tel que, si l'on note $s|\Omega_2$ l'image par ce morphisme d'un élément $s \in F(\Omega_1)$ on ait :

$$\forall \Omega_3 \subset \Omega_2 \subset \Omega_1 \quad , \quad s \in F(\Omega_1)$$

$$s|\Omega_3 = (s|\Omega_2)|\Omega_3$$

DÉFINITION B.12.

On dit que le préfaisceau F est un faisceau si :

$\forall \Omega$ ouvert de X, $\Omega = \bigcup_{i \in I} \Omega_i$, Ω_i ouverts, on a :

F_1 : si $s, s' \in F(\Omega)$ et si

$\forall i \quad s|\Omega_i = s'|\Omega_i$, alors $s = s'$

F_2 : soient $s_i \in F(\Omega_i)$ tels que :

$$\forall_{i,j} \quad s_i|_{\Omega_i \cap \Omega_j} = s_j|_{\Omega_i \cap \Omega_j} .$$

Alors il existe $s \in F(\Omega)$ avec :

$$s|_{\Omega_i} = s_i$$

Notons provisoirement par $R_{i,j}$ les applications de restriction

$$R_{i,j} : F(\Omega_i) \longrightarrow F(\Omega_j) \quad \text{si} \quad \Omega_j \subset \Omega_i$$

et $\quad R_i \quad : F(\Omega) \longrightarrow F(\Omega_i)$.

La famille

$$(F(\Omega_i) \; , R_{i,j})$$

définit un système projectif de groupes abéliens et les R_i définissent une application :

$$R : F(\Omega) \longrightarrow \varprojlim_{I} (F(\Omega_i), R_{i,j})$$

F sera un faisceau si et seulement si pour tout ouvert Ω et pour tout recouvrement ouvert de Ω stable par intersections finies, $(\Omega_i)_{i \in I}$, R est un isomorphisme.

Exemples.

- $X = \mathbb{R}^n$, $F(\Omega) = D'(\Omega)$ avec si $\omega \subset \Omega$, $T \in D'(\Omega)$,

  $\langle T|_\omega , \varphi \rangle = \langle T, \varphi \rangle$ si $\varphi \in D(\omega)$.

  F (= D') est un faisceau.

- $X = \mathbb{R}^n$, $F = L^1$ avec les opérations de restriction usuelles.

  F est un préfaisceau mais pas un faisceau.

- Si F est un faisceau sur X, Ω un ouvert de X, on définit de manière évidente la restriction de F à Ω , $F|_\Omega$: c'est un faisceau sur Ω .

b) Morphismes

Soit F et G deux préfaisceaux sur X. Un morphisme u de F dans G est la donnée pour tout ouvert Ω de X d'un morphisme (de groupes) :

$$u : F(\Omega) \rightarrow G(\Omega)$$

compatible avec les restrictions,

i, e : $\quad \forall \omega \subset \Omega \;, \qquad s \in F(\Omega)$

$$u(s) \big|_{\omega} = u(s \big|_{\omega})$$

Un morphisme de faisceaux est un morphisme des préfaisceaux sous-jacents. On définit de manière évidente le composé de deux morphismes.

c) Faisceau associé à un préfaisceau .

THÉORÈME B.11.

Soit F un préfaisceau. Il existe un faisceau $\underline{F}$ et un morphisme

$$F \longrightarrow \underline{F}$$

unique à un isomorphisme près, tel que :

si G est un faisceau et u un morphisme

$$F \xrightarrow[u]{} G$$

il existe un morphisme $\underline{u}$ rendant le diagramme

$$\begin{array}{ccc} F & \xrightarrow{u} & G \\ & \searrow \quad \nearrow_{\underline{u}} & \\ & \underline{F} & \end{array}$$

commutatif.

On dira que $\underline{F}$ est le faisceau associé à F.

Démonstration.

Pour tout ouvert Ω de X soit $\mathcal{J}(\Omega)$ l'ensemble des recouvrements ouverts de Ω. $\mathcal{J}(\Omega)$ est ordonné filtrant pour la relation :

I < I' si le recouvrement I' est plus fin que I.

On pose :

$$F(\Omega) = \varinjlim_{I \in \mathcal{J}(\Omega)} \varprojlim_{i \in I} F(\Omega_i) \quad \text{et} \quad \underline{F}(\Omega) = (F_s)_s(\Omega)$$

On définit les morphismes de restriction par passage aux limites projectives et inductives. Le reste de la démonstration est laissé au lecteur. Pour une autre construction de $\underline{F}$ cf. (11).

d) Opérations sur les faisceaux.

On définit de manière évidente les notions de sous-préfaisceau, préfaisceau quotient, produit et sommes directes de préfaisceaux. De même si u est un morphisme de préfaisceaux

$$u : F \longrightarrow G$$

on définit les préfaisceaux

$$(\mathrm{Ker}\ u)(\Omega) = \mathrm{Ker}\left[F(\Omega) \longrightarrow G(\Omega)\right]$$
$$(\mathrm{Im}\ u)(\Omega) = \mathrm{Im}\left[F(\Omega) \longrightarrow G(\Omega)\right]$$

Un complexe de préfaisceaux est donc une suite de préfaisceaux F_n et de morphismes u_n

$$F_n \xrightarrow{u_n} F_{n+1}$$

tels que

$$u_{n+1} \circ u_n = 0 .$$

i, e : Im u_n est un sous-préfaisceau de Ker u_{n+1}.

Un complexe de préfaisceaux est une suite exacte de préfaisceaux

si : $\forall n \quad \text{Im } u_n = \text{Ker } u_{n+1}$

i, e :

$$\forall n , \forall \Omega$$

$$\text{Im}\left[F_{n-1}(\Omega) \to F_n(\Omega)\right] = \text{Ker}\left[F_n(\Omega) \to F_{n+1}(\Omega)\right]$$

Il est facile de vérifier que les produits et sommes directes , ainsi que les noyaux par des morphismes, de faisceaux, sont encore des faisceaux.

Par contre le préfaisceau quotient de deux faisceaux n'est pas toujours un faisceau, de même de le préfaisceau image d'un faisceau dans un autre faisceau.

Remarquons cependant que si F est un sous-préfaisceau d'un faisceau G, F vérifiera l'axiome F1 des faisceaux et $\underline{F}$ sera le sous-faisceau de G défini par :

$$s \in \underline{F}(\Omega) \Leftrightarrow s \in G(\Omega) \quad \text{et} \quad \forall x \in \Omega$$

$$\exists \omega_x \text{ voisinage ouvert de x tel que :}$$

$$s|\omega_x \in F(\omega_x) .$$

DÉFINITION B.13.

Soit F un sous-faisceau du faisceau G. Le faisceau quotient de G par F (noté s'il n'y a pas de confusion possible G/F) est le faisceau associé au préfaisceau quotient de G par F.

De même si u est un morphisme de faisceaux, le faisceau image de u (noté Im u s'il n'y a pas de confusions possibles) est le faisceau associé au préfaisceau image de u.

Un complexe de faisceaux est une suite

$$\cdots \longrightarrow F_n \xrightarrow[u_n]{} F_{n+1} \longrightarrow \cdots$$

avec $\operatorname{Im} u_n \subset \operatorname{Ker} u_{n+1}$.

Un complexe de faisceaux est un complexe des préfaisceaux sous-jacents. Par contre ce complexe sera une suite exacte de faisceaux si

$$\operatorname{Im} u_n = \operatorname{Ker} u_{n+1}$$

($\operatorname{Im} u_n$: faisceau image de u_n)

ce qui est plus faible qu'être une suite exacte de préfaisceaux.

Soit F un faisceau. On appelle résolution de F une suite exacte de faisceaux de la forme :

$$0 \longrightarrow F \longrightarrow F_o \longrightarrow F_1 \longrightarrow \cdots\cdot$$

(où 0 désigne le faisceau : $\Omega \rightarrow \{0\}$) .

e) Supports.

Soit F un faisceau sur X.

Si $s \in F(\Omega)$ on dit que s est une section de F sur Ω.

Le support de s sera le plus petit fermé en dehors duquel s est nulle (s étant nulle sur un ouvert $\omega \subset \Omega$ si $s|\omega = 0$) . Si A est fermé dans Ω on désigne par

$$\Gamma_A(\Omega, F)$$

l'ensemble des éléments de $F(\Omega)$ dont le support est dans A.

Si ϕ est une famille de fermés de X on dit que ϕ est une famille de supports si :

$$A \subset B\ ,\ B \in \phi \Rightarrow A \in \phi$$

$$A , B \in \emptyset \implies A \cup B \in \emptyset$$

On écrira

$$\Gamma_{\emptyset}(X, F) = \bigcup_{A \in \emptyset} \Gamma_A (X, F)$$

c'est un sous-groupe de F(X).

Si V est un ouvert ou un fermé de X et $\emptyset$ une famille de supports, on pose :

$$\emptyset \cap V = \{ A \cap V \quad , \quad A \in \emptyset \}$$
$$\emptyset | V = \{ A \in \emptyset \quad , \quad A \subset V \}$$

Si $V = \Omega$ est ouvert on écrira

$$\Gamma_{\emptyset}(\Omega, F) \text{ pour } \Gamma_{\emptyset \cap \Omega}(\Omega, F)$$

Enfin on écrira aussi

$$\Gamma(\Omega, F) \text{ pour } F(\Omega) .$$

<u>LEMME B.11.</u>

<u>Si</u> $0 \to F \to G \to H$ <u>est une suite exacte de faisceaux et</u> $\emptyset$ <u>une famille de supports dans</u> K <u>la suite</u>

$$0 \longrightarrow \Gamma_{\emptyset}(X, F) \longrightarrow \Gamma_{\emptyset}(X, G) \longrightarrow \Gamma_{\emptyset}(X, H)$$

<u>est exacte.</u>

La démonstration est laissée au lecteur.

f) <u>Germes.</u>

Soit F un faisceau.

Si K est un compact de X on pose :

$$F(K) = \varinjlim_{\Omega \supset K} F(\Omega)$$

Si $x \in X$ on écrit F_x pour $F(\{x\})$. F_x s'appelle la fibre du faisceau F en x.

Si $x \in \Omega$, $s \in F(\Omega)$, s_x l'image de s dans F_x s'appelle le germe de s en x.

Remarquons que si F est un préfaisceau

$$\underline{F}_x = \varinjlim_{\Omega \ni x} F(\Omega)$$

LEMME B.12.

Soit $F \xrightarrow{u} G \xrightarrow{v} H$ un complexe de faisceaux. Les assertions a) et b) sont équivalentes :

a) La suite de faisceaux

$$F \xrightarrow{u} G \xrightarrow{v} H$$

est exacte.

b) $\forall x \in X$ la suite de groupes abéliens :

$$F_x \xrightarrow{u} G_x \xrightarrow{v} H_x$$

est exacte.

Démonstration.

Désignons contrairement aux notations de l'énoncé par u_x et v_x les applications :

$$F_x \xrightarrow{u_x} G_x \xrightarrow{v_x} H_x$$

Il résulte de la remarque précédant le lemme que, Im u désignant le faisceau image de u, on a :

$$(\text{Im } u)_x = \text{Im}(u_x)$$

$$(\text{Ker } v)_x = \text{Ker}(v_x)$$

Donc a) $\Longrightarrow$ b) et b) entraîne que les deux sous-faisceaux de G, Im u et Ker v, ont mêmes fibres en chaque point. Il est alors immédiat de vérifier en utilisant l'axiome F2 des faisceaux, qu'ils sont égaux.

g) Préfaisceaux d'anneaux, de modules etc....

On a défini en a) la notion de préfaisceau de groupes abéliens. On aurait pu affaiblir cette définition en supposant seulement que les $F(\Omega)$ sont des ensembles et les restrictions des applications, ou au contraire on peut supposer que les $F(\Omega)$ sont des anneaux, ou des modules sur un anneau A fixe et que les restrictions sont des morphismes d'anneaux, de A-modules, etc...

On dira alors que F est un préfaisceau d'ensembles, d'anneaux, de A-modules etc... Par exemple un préfaisceau de groupes abéliens est un préfaisceau de $\mathbb{Z}$-modules.

Soit $\mathcal{O}$ un préfaisceau d'anneaux et M un préfaisceau de groupes abéliens tel que :

- $\forall \Omega$ $\quad M(\Omega)$ est un $\mathcal{O}(\Omega)$ - module
- $\forall \Omega_2 \subset \Omega_1$, $a \in \mathcal{O}(\Omega_1)$, $m \in M(\Omega_1)$, on a :

$$(a\, m) \mid \Omega_2 = (a \mid \Omega_2)\ (m \mid \Omega_2).$$

On dit alors que M est un préfaisceau de $\mathcal{O}$-modules.

Des préfaisceaux d'ensembles d'anneaux de $\mathcal{O}$-modules etc... sont des faisceaux d'ensembles d'anneaux de $\mathcal{O}$-modules etc... s'ils vérifient les axiomes F_1 et F_2 de la définition B.12.

Dans ce chapitre nous nous placerons dans le cadre des groupes abéliens. Le lecteur fera les extensions nécessaires.

§ 2 - Faisceaux flasques.

Dans ce paragraphe et les suivants, F, G, H ... désigneront (sauf mention du contraire) des faisceaux de groupes abéliens.

DÉFINITION B.21.

Un faisceau F est flasque si pour tout ouvert Ω de X l'application :

$$\Gamma(X, F) \to \Gamma(\Omega, F)$$

est surjective.

THÉORÈME B.21.

Soit $0 \to F \to G \to H \to 0$ une suite exacte de faisceaux. Supposons F flasque. Alors pour toute famille de supports $\emptyset$ la suite

$$0 \to \Gamma_\emptyset(X, F) \to \Gamma_\emptyset(X, G) \to \Gamma_\emptyset(X, H) \to 0$$

est exacte.

Démonstration.

1) Commençons par montrer que pour tout ouvert Ω la suite

$$0 \to F(\Omega) \xrightarrow[u]{} G(\Omega) \xrightarrow[v]{} H(\Omega) \to 0$$

est exacte.

Comme la restriction à un ouvert d'un faisceau flasque est flasque on peut prendre $\Omega = X$.

Soit $h \in H(X)$ et soit E la famille des couples (Ω, g) où

$$g \in G(\Omega) \quad v(g) = h$$

E est ordonné et inductif pour la relation :

$$(\Omega, g) < (\Omega', g') \text{ si}$$

$$\Omega \subset \Omega' , \quad g' \big| \Omega = g.$$

Soit (Ω, g) un élément maximal.

Si $x \in X$, il existe ω voisinage ouvert de x, $g' \in G(\omega)$ avec :

$$v(g') = h \big| \omega$$

$$g' - g \big| \Omega \cap \omega = u(f) \quad f \in F(\Omega \cap \omega) .$$

Soit $\overline{f} \in F(X)$ un prolongement de f et soit

$$g'' = g' - u(\overline{f} \mid \omega) \in G(\omega)$$

on a $g \mid \Omega \cap \omega = g'' \mid \Omega \cap \omega$

donc si $\omega \not\subset \Omega$, g n'est pas maximal.

2) Soit maintenant $A \in \Phi$ et $h \in \Gamma_A(X, H)$.

Soit $g \in \Gamma(X, H)$ avec

$$v(g) = h.$$

Comme $v(g \mid X - A) = 0$, il existe $f \in F(X - A)$ tel que

$$u(f) = g \mid X - A.$$

Soit $\overline{f} \in \Gamma(X, F)$ un prolongement de f à X

$$v(g - u(\overline{f})) = h$$

et $g - u(\overline{f}) \in \Gamma_A(X, G)$.

THÉOREME B.22.

<u>Soit</u> $0 \longrightarrow F \xrightarrow[u]{} G \xrightarrow[v]{} H \longrightarrow 0$ <u>une suite exacte de faisceaux.</u> <u>Supposons</u> F <u>et</u> G <u>flasques</u>. <u>Alors</u> H <u>est flasque</u>.

<u>Démonstration.</u>

Soit Ω un ouvert de X. La suite :

$$0 \longrightarrow F(\Omega) \xrightarrow[u]{} G(\Omega) \xrightarrow[v]{} H(\Omega) \longrightarrow 0$$

est exacte d'après le théorème B.21.

Soit $h \in H(\Omega)$, $g \in G(\Omega)$ avec

$$v(g) = h.$$

Si $\overline{g} \in G(X)$ est un prolongement de g, $v(\overline{g})$ sera un prolongement de h.

THÉORÈME B.23.

Soit $0 \longrightarrow F \longrightarrow F_o \longrightarrow F_1 \longrightarrow \ldots\ldots$ une suite exacte de faisceaux flasques. Soit $\emptyset$ une famille de supports. La suite :

$$0 \longrightarrow \Gamma_\emptyset(X, F) \longrightarrow \Gamma_\emptyset(X, F_o) \longrightarrow \ldots.$$

est exacte.

Démonstration.

Soient Z_i ($i \geqslant 0$) les faisceaux

$$Z_i = \mathrm{Ker}\left[F_i \longrightarrow F_{i+1}\right]$$

On a

$$Z_o = F$$

$$Z_i = \mathrm{Im}\left[F_{i-1} \longrightarrow F_i\right] \quad i > 0$$

et les suites exactes :

$$0 \longrightarrow Z_i \longrightarrow F_i \longrightarrow Z_{i+1} \longrightarrow 0 \quad i \geqslant 0 .$$

Il résulte du théorème B.22. que tous les faisceaux Z_i sont flasques.

Il résulte alors du théorème B.21. que les suites

$$0 \longrightarrow \Gamma_\emptyset(X, Z_i) \longrightarrow \Gamma_\emptyset(X, F_i) \longrightarrow \Gamma_\emptyset(X, Z_{i+1}) \longrightarrow 0$$

sont exactes $(i \geqslant 0)$, d'où si $i > 0$:

$$\mathrm{Im}\left[\Gamma_\emptyset(X, F_{i-1}) \longrightarrow \Gamma_\emptyset(X, F_i)\right]$$
$$= \Gamma_\emptyset(X, Z_i)$$
$$= \mathrm{Ker}\left[\Gamma_\emptyset(X, F_i) \longrightarrow \Gamma_\emptyset(X, F_{i+1})\right]$$

§ 3 - Cohomologie.

a) Préliminaires d'algèbre d'homologique.

Soit

$$0 \longrightarrow A \longrightarrow A_o \longrightarrow A_1 \longrightarrow \ldots.$$

un complexe de groupes abéliens (i.e. : le composé de deux flèches est nul).

Désignons par A.ce complexe.

On pose

$$H^{\circ}(A.) = \text{Ker}\left[A_o \longrightarrow A_1\right]$$

$$H^n(A.) = \frac{\text{Ker}\left[A_n \longrightarrow A_{n+1}\right]}{\text{Im}\left[A_{n-1} \longrightarrow A_n\right]} \qquad n > 0 \quad .$$

On dira que les $H^p(A.)$ sont les groupes de cohomologie du complexe A .

Supposons que l'on ait un diagramme commutatif :

$$\begin{array}{ccccccccc} 0 & \longrightarrow & A & \longrightarrow & A_o & \longrightarrow & A_1 & \longrightarrow & \cdots \\ & & \downarrow & & \downarrow & & \downarrow & & \\ 0 & \longrightarrow & B & \longrightarrow & B_o & \longrightarrow & B_1 & \longrightarrow & \cdots \end{array}$$

On définit une application :

$$H^p(A.) \longrightarrow H^p(B.)$$

ainsi :

Soit $x \in \text{Ker}\left[A_p \longrightarrow A_{p+1}\right]$.

Si y est l'image de x dans B_p

$$y \in \text{Ker}\left[B_p \longrightarrow B_{p+1}\right]$$

et la classe de y dans $H^p(B.)$ ne dépend que de celle de x dans $H^p(A.)$.

Considérons maintenant un complexe double de la forme :

$$
\begin{array}{ccccccc}
0 & 0 & 0 & & & 0 & \\
\downarrow & \downarrow & \downarrow & & & \downarrow & \\
0 \to A \to & A_0 \to & A_1 \to & \cdots & \to & A_n \to & \cdots \\
\downarrow & \downarrow & \downarrow & & & \downarrow & \\
0 \to B \to & B_0 \to & B_1 \to & \cdots & \to & B_n \to & \cdots \\
\downarrow & \downarrow & \downarrow & & & \downarrow & \\
0 \to C \to & C_0 \to & C_1 \to & \cdots & \to & C_n \to & \cdots \\
& \downarrow & \downarrow & & & \downarrow & \\
& 0 & 0 & & & 0 &
\end{array}
$$

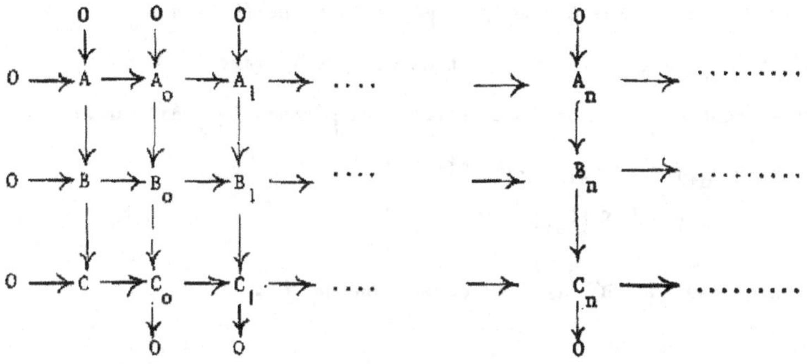

et supposons toutes les colonnes exactes.

On définit un morphisme ∂ dit de "cobord" ainsi :

$$\partial : H^n(C.) \to H^{n+1}(A.).$$

Soit $\dot{\gamma} \in H^n(C.)$ et γ un représentant de $\dot{\gamma}$ dans $\mathrm{Ker}\left[C_n \to C_{n+1}\right]$ $\partial(\dot{\gamma})$ sera la classe de α dans $H^{n+1}(A.)$ où α est construit suivant le diagramme :

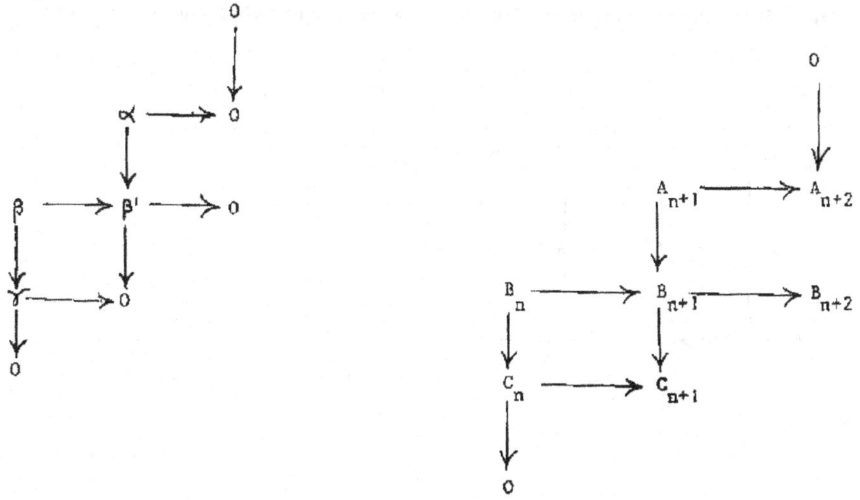

i,e : soit $\beta \in B_n$ dont l'image dans C_n est γ et β' l'image de β dans B_{n+1}. Comme l'image de γ dans C_{n+1} est nulle il en est de même de l'image de β' qui provient donc d'un élément $\alpha \in A_{n+1}$ et comme l'image de β' dans B_{n+2} est nulle et que l'application de A_{n+2} dans B_{n+2} est injective,

$$\alpha \in \operatorname{Ker}\left[A_{n+1} \longrightarrow A_{n+2}\right]$$

et on vérifie que sa classe dans $H^{n+1}(A.)$ ne dépend que de $\dot{\gamma}$.

LEMME B.31.

La suite

$$0 \longrightarrow H^{\circ}(A.) \longrightarrow H^{\circ}(B.) \longrightarrow H^{\circ}(C.) \longrightarrow H^{1}(A.)$$

$$\longrightarrow \ldots \longrightarrow H^{n}(C.) \longrightarrow H^{n+1}(A.) \longrightarrow \ldots .$$

est exacte.

La vérification est laissée au lecteur.

Considérons maintenant un complexe double de groupes abéliens de la forme :

$$\begin{array}{ccccccccc}
 & & 0 & & 0 & & 0 & & \\
 & & \downarrow & & \downarrow & & \downarrow & & \\
0 & \longrightarrow & A & \longrightarrow & A_{o} & \longrightarrow & A_{1} & \longrightarrow & \ldots \\
 & & \downarrow & & \downarrow & & \downarrow & & \\
0 & \longrightarrow & A^{\circ} & \longrightarrow & A_{o}^{\circ} & \longrightarrow & A_{1}^{\circ} & \longrightarrow & \ldots \\
 & & \downarrow & & \downarrow & & \downarrow & & \\
0 & \longrightarrow & A^{1} & \longrightarrow & A_{o}^{1} & \longrightarrow & A_{1}^{1} & \longrightarrow & \ldots \\
 & & \downarrow & & \downarrow & & \downarrow & & \\
 & & \vdots & & \vdots & & \vdots & &
\end{array}$$

Désignons par $A_{\cdot}^{\cdot}$ ce complexe double, par $A_{\cdot}$ la première ligne, et par $A^{\cdot}$ la première colonne.

Supposons dans le complexe double $A_{\cdot}^{\cdot}$ toutes les lignes et les colonnes exactes sauf éventuellement la première ligne et la première colonne.

<u>LEMME B. 32</u>

<u>On a un isomorphisme</u>

$$H^n(A^{\cdot}) \simeq H^n(A_{\cdot}) .$$

<u>Démonstration.</u>

Soit $\dot{\alpha} \in H^n(A^{\cdot})$ et $\alpha^n \in \operatorname{Ker}\left[A^n \longrightarrow A^{n+1}\right]$ un représentant de $\dot{\alpha}$.

L'image de $\dot{\alpha}$ dans $H^n(A_{\cdot})$ sera la classe de α_n dans $H^n(A_{\cdot})$ où α_n est construit suivant le diagramme :

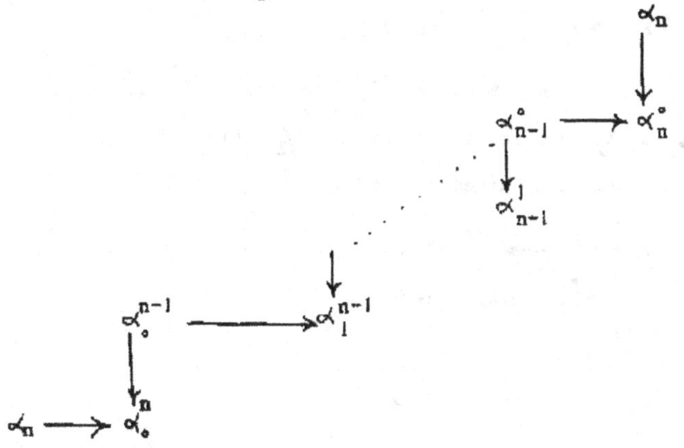

où $\alpha_p^q \in A_p^q$.

Les vérifications sont laissées au lecteur.

b) Groupes de cohomologie d'un faisceau.

Soit F un faisceau sur X, Ω un ouvert de X. On pose :

$$\hat{F}_o(\Omega) = \prod_{x \in \Omega} F_x \quad .$$

On définit ainsi un faisceau $\hat{F}_o$, la restriction

$$\hat{F}_o(\Omega) \longrightarrow \hat{F}_o(\omega)$$

étant définie par la projection :

$$\prod_{x \in \Omega} F_x \longrightarrow \prod_{x \in \omega} F_x \quad .$$

Ce faisceau est évidemment flasque et F est un sous-faisceau de $\hat{F}_o$.

Soit Z_1 le faisceau quotient :

$$0 \longrightarrow F \longrightarrow \hat{F}_o \longrightarrow Z_1 \longrightarrow 0 \; .$$

On peut recommencer l'opération précédente avec Z_1, désigner par $\hat{F}_1$ le faisceau ainsi obtenu , par Z_2 le faisceau quotient $\hat{F}_1/Z_1$ etc...

On obtient par récurrence des suites exactes :

$$0 \longrightarrow F \longrightarrow \hat{F}_o \longrightarrow Z_1 \longrightarrow 0$$

$$0 \longrightarrow Z_1 \longrightarrow \hat{F}_1 \longrightarrow Z_2 \longrightarrow 0$$

....

$$0 \longrightarrow Z_p \longrightarrow \hat{F}_p \longrightarrow Z_{p+1} \longrightarrow 0$$

....

d'où une suite exacte :

$$0 \longrightarrow F \longrightarrow \hat{F}_o \longrightarrow \hat{F}_1 \longrightarrow \; ....$$

dite résolution canonique de F (on la note $\hat{F}_\bullet$). Les faisceaux $\hat{F}_i$ sont flasques.

DÉFINITION B.32.

Soit ϕ une famille de supports.

Soit $H_\emptyset(\Omega, F)$ le complexe :

$$0 \longrightarrow \Gamma_\emptyset(\Omega, F) \longrightarrow \Gamma_\emptyset(\Omega, \hat{F}_\circ) \longrightarrow \Gamma_\emptyset(\Omega, \hat{F}_1) \longrightarrow \dots$$

On désigne par

$$H^n_\emptyset(\Omega, F)$$

le n-ième groupe de cohomologie de ce complexe :

$$H^\circ_\emptyset(\Omega, F) = \mathrm{Ker}\left[\Gamma_\emptyset(\Omega, \hat{F}_\circ) \to \Gamma_\emptyset(\Omega, \hat{F}_1)\right]$$

$$H^n_\emptyset(\Omega, F) = \frac{\mathrm{Ker}\left[\Gamma_\emptyset(\Omega, \hat{F}_n) \to \Gamma_\emptyset(\Omega, \hat{F}_{n+1})\right]}{\mathrm{Im}\left[\Gamma_\emptyset(\Omega, \hat{F}_{n-1}) \to \Gamma_\emptyset(\Omega, \hat{F}_n)\right]} \qquad n \geqslant 1$$

Il résulte du Lemme B.11 que :

$$H^\circ_\emptyset(\Omega, F) = \Gamma_\emptyset(\Omega, F)$$

si K est un compact de X on pose :

$$H^n(K, F) = \varinjlim_{\Omega \supset K} H^n(\Omega, F)$$

et si Z est fermé dans X,

$$H^n_Z(F)$$

désignera le préfaisceau

$$\Omega \to H^n_Z(\Omega, F)$$

Enfin

$$\underline{H}^n_Z(F)$$

sera le faisceau associé à ce préfaisceau.

Si $u : F \to G$ est un morphisme de faisceaux, u définit un morphisme

$$u : \hat{F}_\circ \to \hat{G}_\circ$$

puis un nouveau morphisme

$$u : \hat{F}_\circ/F \to \hat{G}_\circ/G$$

et par récurrence des morphismes :

$$u : \hat{F}_n \longrightarrow \hat{G}_n \ .$$

De plus les diagrammes :

$$\begin{array}{ccc} \Gamma_\emptyset(\Omega, \hat{F}_n) & \longrightarrow & \Gamma_\emptyset(\Omega, \hat{F}_{n+1}) \\ \downarrow & & \downarrow \\ \Gamma_\emptyset(\Omega, \hat{G}_n) & \longrightarrow & \Gamma_\emptyset(\Omega, \hat{G}_{n+1}) \end{array}$$

seront commutatifs.

THÉORÈME B.31.

Soit $0 \longrightarrow F \longrightarrow G \longrightarrow H \longrightarrow 0$ *une suite exacte de faisceaux.*

On a une suite exacte :

$$0 \longrightarrow H^\circ_\emptyset(\Omega, F) \longrightarrow H^\circ_\emptyset(\Omega, G) \longrightarrow H^\circ_\emptyset(\Omega, H) \xrightarrow[\partial]{} H^1_\emptyset(\Omega, F) \longrightarrow \dots H^n_\emptyset(\Omega, H)$$

$$\xrightarrow[\partial]{} H^{n+1}_\emptyset(\Omega, F) \longrightarrow \dots$$

Démonstration.

On vérifie par récurrence que les suites

$$0 \longrightarrow \hat{F}_i \longrightarrow \hat{G}_i \longrightarrow \hat{H}_i \longrightarrow 0$$

sont exactes.

Comme les faisceaux $\hat{F}_i$ sont flasques, les colonnes du complexe double ci-dessous sont exactes :

$$\begin{array}{ccccccccc} & & 0 & & 0 & & & 0 & \\ & & \downarrow & & \downarrow & & & \downarrow & \\ 0 & \longrightarrow & \Gamma_\emptyset(\Omega, F) & \longrightarrow & \Gamma_\emptyset(\Omega, \hat{F}_\circ) & \longrightarrow \dots & & \Gamma_\emptyset(\Omega, \hat{F}_n) & \longrightarrow \dots \\ & & \downarrow & & \downarrow & & & \downarrow & \\ 0 & \longrightarrow & \Gamma_\emptyset(\Omega, G) & \longrightarrow & \Gamma_\emptyset(\Omega, \hat{G}_\circ) & \longrightarrow \dots & & \Gamma_\emptyset(\Omega, \hat{G}_n) & \longrightarrow \dots \\ & & \downarrow & & \downarrow & & & \downarrow & \\ 0 & \longrightarrow & \Gamma_\emptyset(\Omega, H) & \longrightarrow & \Gamma_\emptyset(\Omega, \hat{H}_\circ) & \longrightarrow \dots & & \Gamma_\emptyset(\Omega, \hat{H}_n) & \longrightarrow \dots \\ & & & & \downarrow & & & \downarrow & \\ & & & & 0 & & & 0 & \end{array}$$

On peut donc appliquer le lemme B.31.

Comme une limite inductive de suites exactes de groupes abéliens est une suite exacte on a les corollaires :

COROLLAIRE 1.

Soit K un compact de X. La suite :

$$0 \to H^{\circ}(K, F) \to H^{\circ}(K, G) \to H^{\circ}(K, H) \xrightarrow[\partial]{} H^{1}(K, F) \to \ldots$$

est exacte.

COROLLAIRE 2.

Soit Z une partie fermée de X. La suite de faisceaux :

$$0 \to \underline{H}^{\circ}_{Z}(F) \to \underline{H}^{\circ}_{Z}(G) \to \underline{H}^{\circ}_{Z}(H) \xrightarrow[\partial]{} \underline{H}^{1}_{Z}(F) \to \ldots$$

est exacte.

DÉFINITION B.32.

Soit $\emptyset$ une famille de supports sur X, et $F_{\bullet}$ une résolution de F :

$$0 \to F \to F_{o} \to F_{1} \to \ldots$$

On dit que cette résolution est $\emptyset$-acyclique sur X si

$$H^{n}_{\emptyset}(X, F_{i}) = 0 \quad \forall n > 0 \quad \forall i \geqslant 0$$

Désignons par

$$H^{n}_{\emptyset}(X, F_{\bullet})$$

les groupes de cohomologie du complexe :

$$0 \to \Gamma_{\emptyset}(X, F) \to \Gamma_{\emptyset}(X, F_{o}) \to \Gamma_{\emptyset}(X, F_{1}) \to \ldots.$$

THÉORÈME B.32.

Si $F_{\bullet}$ est une résultion $\emptyset$-acyclique sur X de F on a des isomorphismes canoniques :

$$H^{n}_{\emptyset}(X, F) \simeq H^{n}_{\emptyset}(X, F_{\bullet})$$

si on a un diagramme commutatif de résolutions $\emptyset$-acycliques de F et G :

$$\begin{array}{ccccccccc}
0 & \longrightarrow & F & \longrightarrow & F_o & \longrightarrow & F_1 & \longrightarrow & \cdots \\
 & & \downarrow & & \downarrow & & \downarrow & & \\
0 & \longrightarrow & G & \longrightarrow & G_o & \longrightarrow & G_1 & \longrightarrow & \cdots
\end{array}$$

les diagrammes

$$\begin{array}{ccc}
H^n_\emptyset(X, F) & \longrightarrow & H^n_\emptyset(X, F.) \\
\downarrow & & \downarrow \\
H^n_\emptyset(x, G) & \longrightarrow & H^n_\emptyset(X, G.)
\end{array}$$

seront commutatifs.

Démonstration du théorème B.32.

Soit $(\widehat{F_i})_p$ le p-ième terme de la résolution canonique de F_i. La suite exacte

$$0 \longrightarrow F \longrightarrow F_o \longrightarrow F_1 \longrightarrow \cdots$$

définit des suites exactes :

$$0 \longrightarrow \hat{F}_p \longrightarrow (\hat{F}_o)_p \longrightarrow (\hat{F}_1)_p \longrightarrow \cdots$$

Posons :

$$A = \Gamma_\emptyset(X, F)$$

$$A_p = \Gamma_\emptyset(X, F_p)$$

$$A^q = \Gamma_\emptyset(X, \hat{F}_q)$$

$$A^q_p = \Gamma_\emptyset(X, (\hat{F}_p)_q) \quad .$$

On a un complexe double

$$\begin{array}{ccccccc}
 & & 0 & & 0 & & \\
 & & \downarrow & & \downarrow & & \\
0 & \longrightarrow & A & \longrightarrow & A_0 & \longrightarrow & \cdots \\
 & & \downarrow & & \downarrow & & \\
0 & \longrightarrow & A^0 & \longrightarrow & A_0^0 & \longrightarrow & \cdots \\
 & & \downarrow & & \downarrow & & \\
0 & \longrightarrow & A^1 & \longrightarrow & A_0^1 & \longrightarrow & \cdots \\
 & & \downarrow & & \downarrow & &
\end{array}$$

Il résulte de l'hypothèse du théorème et du théorème B.23. que toutes les lignes et colonnes sauf éventuellement la première ligne et la première colonne sont exactes.

Il suffit alors d'appliquer le lemme B.32.

COROLLAIRE.

Soit $F_\bullet$ une résolution flasque de F. Alors on a un isomorphisme

$$H^n_\emptyset(\Omega, F) \simeq H^n_\emptyset(\Omega, F_\bullet).$$

Démonstration.

Il faut vérifier que si G est flasque

$$H^n_\emptyset(\Omega, G) = 0$$

mais d'après le théorème B.23. la suite

$$0 \longrightarrow \Gamma_\emptyset(\Omega, G) \longrightarrow \Gamma_\emptyset(\Omega, \hat{G}_0) \longrightarrow \cdots$$

est exacte.

Nous aurons aussi besoin du résultat suivant :

THÉORÈME B.33.

Soit F et G deux faisceaux sur X et $\emptyset$ une famille de supports. On a un isomorphisme.

$$H^n_\emptyset(\Omega, F \times G) \simeq H^n_\emptyset(\Omega, F) \times H^n_\emptyset(\Omega, G).$$

Démonstration.

Le théorème résulte de ce que :

$$\widehat{(F\times G)}_i = \hat{F}_i \times \hat{G}_i$$

$$\Gamma_\emptyset(\Omega, F\times G) = \Gamma_\emptyset(\Omega, F)\times \Gamma_\emptyset(\Omega, G) .$$

$$\frac{\mathrm{Ker}\left[A_n \times B_n \xrightarrow[u\times v]{} A_{n+1}\times B_{n+1}\right]}{\mathrm{Im}\left[A_{n-1}\times B_{n-1} \xrightarrow[u\times v]{} A_n \times B_n\right]} = \frac{\mathrm{Ker}\left[A_n \xrightarrow[u]{} A_{n+1}\right]}{\mathrm{Im}\left[A_{n-1} \xrightarrow[u]{} A_n\right]} \times \frac{\mathrm{Ker}\left[B_n \xrightarrow[v]{} B_{n+1}\right]}{\mathrm{Im}\left[B_{n-1} \xrightarrow[v]{} B_n\right]}$$

c) Cohomologie à support dans une partie localement fermée.

Soit Z une partie localement fermée de X (i.e. : $Z = A\cap\Omega$, A fermé, Ω ouvert de X).

Si Ω et Ω' sont deux ouverts de X dans lesquels Z est fermé les groupes

$$\Gamma_Z(\Omega, F) \quad \text{et} \quad \Gamma_Z(\Omega', F)$$

sont naturellement isomorphes. On écrira $\Gamma_Z(X, F)$ pour $\Gamma_Z(\Omega, F)$ si Z est fermé dans Ω.

De même on écrira $H^n_Z(X, F)$ pour $H^n_Z(\Omega, F)$ puisque ce dernier groupe ne dépend pas de Ω pourvu que Z soit fermé dans Ω.

A tout ouvert ω de Z on peut associer les groupes $\Gamma_\omega(X, F)$ et $H^n_\omega(X, F)$. On désignera par

$$\Gamma_Z(F) \quad \text{et} \quad H^n_Z(F)$$

les préfaisceaux ainsi définis et par

$$\underline{\Gamma}_Z(F) \quad \text{et} \quad \underline{H}^n_Z(F)$$

les faisceaux associés. On a

$$\Gamma_Z(F) = \underline{\Gamma}_Z(F)$$

THÉORÈME B.34.

Soit Z *une partie localement fermée de* X *et*

$$0 \longrightarrow F \longrightarrow G \longrightarrow H \longrightarrow 0$$

une suite exacte de faisceaux.

On a la suite exacte :

$$0 \longrightarrow \Gamma_Z(X, F) \longrightarrow \Gamma_Z(X, G) \longrightarrow \Gamma_Z(X, H) \longrightarrow H^1_Z(X, F) \longrightarrow \dots$$

Démonstration.

C'est un cas particulier du théorème B.31. en remplaçant X par un ouvert dans lequel Z est fermé.

THÉORÈME B.35.

Soit Z *une partie localement fermée de* X, Z' *un fermé de* Z, Z" = Z - Z'.

On a la suite exacte :

$$0 \longrightarrow \Gamma_{Z'}(X, F) \longrightarrow \Gamma_Z(X, F) \longrightarrow \Gamma_{Z''}(X, F) \longrightarrow H^1_{Z'}(X, F) \longrightarrow \dots$$

Démonstration.

On peut supposer Z fermé dans X .

a) Soit V = X - Z'. L'application de restriction

$$\Gamma(X, F) \longrightarrow \Gamma(V, F)$$

induit l'application

$$\Gamma_Z(X, F) \longrightarrow \Gamma_{Z''}(X, F) .$$

Donc si $s \in \Gamma_Z(X, F)$ est d'image nulle dans $\Gamma_{Z''}(X, F)$, c'est que :

$$s \mid X - Z' = 0$$

d'où $s \in \Gamma_{Z'}(X, F)$. On a donc la suite exacte

$$0 \longrightarrow \Gamma_{Z'}(X, F) \longrightarrow \Gamma_Z(X, F) \longrightarrow \Gamma_{Z''}(X, F).$$

b) Supposons F flasque. Alors la suite

$$0 \longrightarrow \Gamma_{Z'}(X, F) \longrightarrow \Gamma_Z(X, F) \longrightarrow \Gamma_{Z''}(X, F) \longrightarrow 0$$

est exacte. En effet si $s \in \Gamma_{Z''}(X, F) = \Gamma_{Z \cap V}(V, F)$, on peut prolonger s en $\bar{s} \in \Gamma(X, F)$ mais :

$$\bar{s} \mid V - Z \cap V = 0$$

d'où $\bar{s} \in \Gamma_Z(X, F)$.

c) Soit

$$0 \longrightarrow F \longrightarrow F_o \longrightarrow F_1 \longrightarrow \cdots$$

la résolution canonique de F.

D'après a) et b) les colonnes du complexe double ci-dessous sont exactes :

$$\begin{array}{ccccccccc}
 & & 0 & & 0 & & 0 & & \\
 & & \downarrow & & \downarrow & & \downarrow & & \\
0 & \longrightarrow & \Gamma_{Z'}(X, F) & \longrightarrow & \Gamma_{Z'}(X, \hat{F}_o) & \longrightarrow & \Gamma_{Z'}(X, \hat{F}_1) & \longrightarrow & \cdots \\
 & & \downarrow & & \downarrow & & \downarrow & & \\
0 & \longrightarrow & \Gamma_{Z}(X, F) & \longrightarrow & \Gamma_{Z}(X, \hat{F}_o) & \longrightarrow & \Gamma_{Z}(X, \hat{F}_1) & \longrightarrow & \cdots \\
 & & \downarrow & & \downarrow & & \downarrow & & \\
0 & \longrightarrow & \Gamma_{Z''}(X, F) & \longrightarrow & \Gamma_{Z''}(X, \hat{F}_o) & \longrightarrow & \Gamma_{Z''}(X, \hat{F}_1) & \longrightarrow & \cdots \\
 & & & & \downarrow & & \downarrow & & \\
 & & & & 0 & & 0 & &
\end{array}$$

Il suffit alors d'appliquer le lemme B.31.

<u>COROLLAIRE 1.</u>

<u>Soit</u> Z <u>un fermé de</u> X. <u>On a la suite exacte :</u>

$$0 \longrightarrow \Gamma_Z(X, F) \longrightarrow \Gamma(X, F) \longrightarrow \Gamma(X - Z, F) \longrightarrow H^1_Z(X, F) \longrightarrow \dots$$

COROLLAIRE 2.

Soit K un compact de X ayant un système fondamental de voisinages compacts. Soit C la famille des compacts de X. On a la suite exacte :

$$0 \longrightarrow \Gamma_{C|(X-K)}(X - K, F) \longrightarrow \Gamma_C(X, F) \longrightarrow \Gamma(K, F) \longrightarrow H^1_{C|(X-K)}(X - K, F) \longrightarrow \dots$$

Démonstration.

Soit Ω un ouvert contenant K et L un compact de X .

D'après le théorème B.35. on a la suite exacte :

$$0 \rightarrow \Gamma_{L \cap (X-\Omega)}(X, F) \longrightarrow \Gamma_L(X, F) \longrightarrow \Gamma_{L\cap\Omega}(X, F) \rightarrow H^1_{L\cap(X-\Omega)}(X, F) \rightarrow \dots$$

Prenons la réunion de ces groupes pour $L \in C$.

Comme $C \cap (X - \Omega) = C \,|\, (X - \Omega)$ on obtient la suite exacte :

$$0 \longrightarrow \Gamma_{C|(X-\Omega)}(X, F) \longrightarrow \Gamma_C(X, F) \longrightarrow \Gamma_{C\cap\Omega}(X, F) \longrightarrow H^1_{C|(X-\Omega)}(X, F) \longrightarrow \dots$$

Prenons la limite inductive de ces groupes quand Ω parcourt la famille des voisinages ouverts de K. Il faut vérifier que :

$$\varinjlim_{\Omega\supset K} H^n_{C|(X-\Omega)}(X, F) = H^n_{C|(X-K)}(X - K, F)$$

$$\varinjlim_{\Omega\supset K} H^n_{C\cap\Omega}(X, F) = H^n(K, F).$$

En considérant la résolution canonique de F il suffit de vérifier ces égalités pour n = 0 : la première est alors évidente, et la seconde résulte de ce que K a un système fondamental de voisinages ouverts relativement compacts, car si Ω

est l'un d'eux :

$$\Gamma_{C\cap\Omega}(X, F) = \Gamma(\Omega, F)$$

puisque

$$C \cap \Omega = \{\text{fermés de } \Omega\}.$$

d) Un théorème sur le préfaisceau $H^n_Z(F)$.

THÉORÈME B.36.

Soit Z une partie localement fermée de X. Supposons que :

$$\underline{H}^i_Z(F) = 0 \quad \forall i < n$$

Alors $\quad H^i_Z(F) = 0 \quad \forall i < n$

et le préfaisceau $H^n_Z(F)$ est un faisceau, i.e. :

$$H^n_Z(F) = \underline{H}^n_Z(F) .$$

Démonstration.

On peut supposer Z fermé dans X. Si n = 0 le théorème est vrai car $\Gamma_Z(F) = H^\circ_Z(F)$ est un faisceau.

Si n = 1, le faisceau $\underline{\Gamma}_Z(F)$ étant nul est flasque.

Supposons $n > 1$.

Soit

$$0 \to F \to \hat{F}_o \to \hat{F}_1 \to \dots$$

la résolution canonique de F que l'on peut décomposer en

$$0 \to F \to \hat{F}_o \to Z_1 \to 0$$

$$0 \to Z_1 \to \hat{F}_1 \to Z_2 \to 0$$

$$0 \to Z_p \to \hat{F}_p \to Z_{p+1} \to 0$$

En posant $F = Z_o$ on a :

$$H^p_Z(F) = H^1_Z(Z_{p-1}) \quad p > 0$$

et on a les suites exactes :

$$0 \longrightarrow \Gamma_Z(Z_p) \longrightarrow \Gamma_Z(\hat{F}_p) \longrightarrow \Gamma_Z(Z_{p+1}) \longrightarrow H^1_Z(Z_p) \longrightarrow 0$$

d'où en passant aux faisceaux associés : $(n > 1,\ p < n-1)$:

$$0 \longrightarrow \underline{\Gamma}_Z(Z_p) \longrightarrow \underline{\Gamma}_Z(\hat{F}_p) \longrightarrow \underline{\Gamma}_Z(Z_{p+1}) \longrightarrow 0$$

puisque $\underline{H}^1_Z(Z_p) = \underline{H}^{p+1}_Z(F) = 0$.

Comme les faisceaux $\underline{\Gamma}_Z(\hat{F}_p)$ sont flasques et que $\underline{\Gamma}_Z(Z_o) = \underline{\Gamma}_Z(F) = 0$, on voit par applications successives du théorème B.22. que les faisceaux $\underline{\Gamma}_Z(Z_p)$ sont flasques pour $p < n$. Il suffit donc de démontrer que si F est un faisceau tel que le faisceau $\underline{\Gamma}_Z(F)$ soit flasque, on a :

$$H^1_Z(F) = \underline{H}^1_Z(F) .$$

Or on a la suite exacte de préfaisceaux :

$$0 \longrightarrow \Gamma_Z(F) \longrightarrow \Gamma_Z(\hat{F}_o) \longrightarrow \Gamma_Z(Z_1) \longrightarrow H^1_Z(F) \longrightarrow 0.$$

Les trois premiers termes de cette suite exacte sont des faisceaux et les deux premiers sont flasques.

LEMME B.33.

Soit $0 \longrightarrow K \longrightarrow L \longrightarrow M \longrightarrow 0$ une suite exacte de préfaisceaux. Supposons que K et L soient des faisceaux et que K soit flasque. Alors M est un faisceau.

Démonstration du lemme.

Soit $\underline{M}$ le faisceau associé à M et Ω un ouvert de X.

On a la suite exacte de faisceaux :

$$0 \longrightarrow K \longrightarrow L \longrightarrow \underline{M} \longrightarrow 0$$

d'où comme K est flasque :

$$0 \longrightarrow K(\Omega) \longrightarrow L(\Omega) \longrightarrow \underline{M}(\Omega) \longrightarrow 0$$

mais on a aussi :

$$0 \longrightarrow K(\Omega) \longrightarrow L(\Omega) \longrightarrow M(\Omega) \longrightarrow 0$$

donc $\quad M(\Omega) = \underline{M}(\Omega)$.

Fin de la démonstration du théorème.

Le préfaisceau quotient

$$K = \frac{\Gamma_Z(\hat{F}_o)}{\Gamma_Z(F)}$$

sera un faisceau d'après le lemme précédent et sera flasque d'après le théorème B.22. : on applique à nouveau le lemme B.33. à la suite exacte de préfaisceaux :

$$0 \longrightarrow K \longrightarrow \Gamma_Z(Z_1) \longrightarrow H^1_Z(F) \longrightarrow 0 .$$

§ 4 - Faisceaux sur un espace paracompact.

Rappelons qu'un espace paracompact est un espace topologique séparé tel que pour tout recouvrement ouvert il en existe un autre, plus fin et localement fini. Un sous-espace fermé d'un espace paracompact est paracompact et un espace paracompact est normal.

a) Faisceaux mous.

Soit X un espace topologique, $\emptyset$ une famille de supports sur X.

DÉFINITION B.41.

On dit que $\emptyset$ est paracompactifiante si

1/ $A \in \emptyset \Longrightarrow$ A paracompact

2/ $A \in \emptyset \Longrightarrow \exists B \in \emptyset$, B voisinage de A .

Cela entraîne que si $A \in \emptyset$, A admet un système fondamental de voisinages dans $\emptyset$.

Si A est fermé dans X et admet un système fondamental de voisinages paracompacts, on pose :

$$H^i(A, F) = \varinjlim_{\Omega \supset A} H^i(\Omega, F)$$

DÉFINITION B.42.

Soit $\emptyset$ une famille paracompactifiante de supports. On dit que le faisceau F est $\emptyset$-mou si

$$\forall A \subset B \in \emptyset \text{ l'application } H^\circ(B, F) \to H^\circ(A, F)$$

est surjective.

Si X est paracompact et $\emptyset$ est la famille de tous les fermés de X, on dit que F est mou.

Exemple.

Les faisceaux $\mathcal{E}$ et $\mathcal{D}'$ des fonctions C^∞ et des distributions sur un ouvert de $\mathbb{R}^n$ sont mous.

Quand nous parlerons de faisceaux $\emptyset$-mous il sera sous-entendu que $\emptyset$ est paracompactifiante.

Il est clair qu'un faisceau flasque est $\emptyset$-mou pour toute famille (paracompactifiante) de supports.

THÉORÈME B.41.

Si F est $\emptyset$-mou, $H^n_\emptyset(X, F) = 0 \quad \forall n > 0$.

La démonstration résultera, comme dans le cas des faisceaux flasques, des deux lemmes ci-dessous que nous ne démontrerons pas.

LEMME B.41.

Soit $0 \to F \to G \to H \to 0$ une suite exacte de faisceaux et supposons F $\emptyset$-mou . Alors la suite

$$0 \to \Gamma_{\emptyset}(X, F) \to \Gamma_{\emptyset}(X, G) \to \Gamma_{\emptyset}(X, H) \to 0$$

est exacte.

LEMME B.42.

Soit $0 \to F \to G \to H \to 0$ une suite exacte de faisceaux.

Supposons F et G $\emptyset$-mous. Alors H est $\emptyset$-mou.

b) Faisceau induit sur un sous-espace fermé.

Soit A une partie fermée de X.

A tout ouvert ω de A associons le groupe

$$\varinjlim_{\substack{\Omega \cap A = \omega \\ \Omega \text{ ouvert de } X}} \Gamma(\Omega, F)$$

on définit ainsi un préfaisceau sur A et on note par $F|A$ le faisceau associé.

THÉORÈME B.42.

Soit A un sous-espace fermé de l'espace paracompact X. Alors :

$$H^i(A, F) = H^i(A, F|A) .$$

Démonstration.

1) $i = 0$.

L'application naturelle

$$\Gamma(A, F) \to \Gamma(A, F|A)$$

est évidemment injective .

Il faut voir qu'elle est surjective.

Soit $(\Omega_i)_{i \in I}$ un recouvrement de A par des ouverts de X et

$s_i \in \Gamma(\Omega_i, F)$ tels que :

$$\forall i,j \; \exists \; \Omega'_{i,j} \text{ voisinage de } A \cap \Omega_i \cap \Omega_j \text{ avec}$$

$$s_i \big| \Omega'_{i,j} = s_j \big| \Omega'_{i,j} .$$

En remplaçant X par un voisinage paracompact de A on peut supposer que $(\Omega_i)_{i \in I}$ est un recouvrement localement fini de X.

Soit $(V_i)_{i \in I}$ un autre recouvrement ouvert de X avec

$$\overline{V}_i \subset \Omega_i$$

et soit

$$W = \left\{ x \in X \text{ tels que : } x \in \overline{V}_i \cap \overline{V}_j \Longrightarrow s_i = s_j \text{ au voisinage de } x \right\} .$$

Le lecteur vérifiera que W est un ouvert contenant A et que les s_i définissent un élément $s \in \Gamma(W, F)$.

2) <u>$i > 0$.</u>

Commençons par remarquer que

$$(F \,|\, A)_x = F_x \quad \text{si} \quad x \in A$$

et donc que si B est un fermé de A on a :

$$(F \,|\, A) \,|\, B = F \,|\, B$$

Soit maintenant

$$0 \longrightarrow F \longrightarrow \hat{F}_o \longrightarrow \hat{F}_1 \longrightarrow \dots$$

la résolution canonique de F.

La suite de faisceaux :

$$0 \longrightarrow F|A \longrightarrow \hat{F}_o|A \longrightarrow \hat{F}_1|A \longrightarrow \dots$$

est exacte et si B est un fermé de A on a :

$$\Gamma(B, \hat{F}_i|A) = \Gamma(B, \hat{F}_i|A|B) = \Gamma(B, \hat{F}_i|B) = \varinjlim_{\substack{\Omega \supset B \\ \Omega \text{ ouvert de } X}} (\Omega, \hat{F}_i)$$

(d'après le cas i = 0).

Les faisceaux $\hat{F}_i|A$ sont donc mous.

D'après les théorèmes B.41. et B.32., on a :

$$H^i(A, F|A) = \frac{\text{Ker}\left[\Gamma(A, \hat{F}_i|A) \longrightarrow \ldots\right]}{\text{Im}\left[\Gamma(A, \hat{F}_{i-1}|A) \longrightarrow \ldots\right]}$$

et d'après le cas i = 0 ce dernier groupe est égal à $H^i(A, F)$.

§ 4 - Cohomologie de Čech.

Soit X un espace topologique (non nécessairement paracompact) et F un faisceau sur X.

a) Cochaines.

Soit $\mathcal{U} = (\Omega_i)_{i \in I}$ un recouvrement ouvert de X.

On pose

$$\Omega_{i_o}, \ldots_{i_p} = \Omega_{i_o} \cap \ldots \cap \Omega_{i_p}$$

$C^q(\mathcal{U}, X, F)$ sera le sous-groupe des éléments alternés de

$$\prod_{(i_o, \ldots i_q)} F(\Omega_{i_o}, \ldots_{i_q})$$

(on a $F(\emptyset) = \{0\}$)

Si on met sur I un ordre total (noté $<$), $C^q(\mathcal{U}, X, F)$ est isomorphe à :

$$\prod_{i_o < \cdots < i_q} F(\Omega_{i_o}, \ldots \Omega_{i_q}).$$

Les éléments de $C^q(\mathcal{U}, X, F)$ s'appellent les q-cochaines alternées de F sur X du recouvrement $\mathcal{U}$ - (Nous dirons "q-cochaines").

On définit un opérateur dit de "cobord" :

$$\delta \quad C^q(\mathcal{U}, X, E) \longrightarrow C^{q+1}(\mathcal{U}, X, F)$$

ainsi :

si $f \in C^q(\mathcal{U}, X, F)$, f est définie par une famille alternée :

$$f_{i_o, \ldots i_q} \in F(\Omega_{i_o, \ldots i_q})$$

on pose :

$$(\delta f)_{i_o, \ldots i_{q+1}} = \sum_{o}^{q+1} (-1)^j \, f'_{i_o, \ldots \hat{i}_j, \ldots i_{q+1}}$$

où $\hat{i}_j$ signifie que l'indice i_j doit être omis et où $f'_{i_o, \ldots \hat{i}_j \ldots i_{q+1}}$ désigne la restriction de $f_{i_o \ldots \hat{i}_j \ldots i_{q+1}}$ à $\Omega_{i_o \ldots i_{q+1}}$.

δ est un homomorphisme de groupes et

$$\delta \circ \delta = 0 .$$

Si Ω est un ouvert de X, on définit de même les groupes

$$C^q(\mathcal{U}, \Omega , F)$$

correspondant au recouvrement de Ω par les $\Omega_i \cap \Omega, \Omega_i \in \mathcal{U}$.

Les préfaisceaux

$$\Omega \longrightarrow C^q(\mathcal{U}, \Omega , F)$$

sont des faisceaux car ce sont des produits de faisceaux

$$C^q(\mathcal{U}, \Omega , F) = \prod_{i_o < \ldots < i_q} F(\Omega \cap \Omega_{i_o \ldots i_q})$$

Notons

$$C^q(\mathcal{U}, F)$$

ces faisceaux.

On a un complexe de faisceaux :

$$0 \longrightarrow F \xrightarrow{j} C^\circ(\mathcal{U}, F) \xrightarrow{\delta} C^1(\mathcal{U}, F) \longrightarrow \ldots$$

Notons $\check{F}_\bullet$ ce complexe.

<u>THÉORÈME B.51.</u>

<u>Le complexe $\check{F}_\bullet$ est une résolution de F (i. e. est exact).</u>

Démonstration.

Que j soit injectif et que

$\mathrm{Im}\, j = \mathrm{Ker}\left[C^\circ(\mathcal{U}, F) \xrightarrow[\delta]{} C^1(\mathcal{U}, F)\right]$

résulte des propriétés F1 et F2 des faisceaux (Définition B.12).

Supposons donc $n \geqslant 1$.

Soit $\alpha \in C^n(\mathcal{U}, \Omega, F)$, $\delta\alpha = 0$ et soit $x \in \Omega$.

En restreignant Ω on peut supposer qu'il existe $i \in I$

$$x \in \Omega \subset \Omega_i$$

alors

$$\Omega \cap \Omega_i \cap \Omega_{i_o \ldots i_{n-1}} = \Omega \cap \Omega_{i_o \ldots i_{n-1}}$$

Soit $\beta \in C^{n-1}(\mathcal{U}, F)$ défini par

$$\beta_{i_o \ldots i_{n-1}} = \alpha_{i, i_o \ldots i_{n-1}}$$

on a

$$(\delta\beta)_{i_o \ldots i_n} = \sum_{o \leqslant k \leqslant n} (-1)^k \alpha_{i, i_o \ldots \hat{i}_k \ldots i_n}$$

et comme $\delta\alpha = 0$

$$\alpha_{i_o \ldots i_n} = \sum_{0 \leqslant k \leqslant n} (-1)^k \alpha_{i, i_o \ldots \hat{i}_k \ldots i_n}$$

dans $\Omega \cap \Omega_i \cap \Omega_{i_o \ldots i_n} = \Omega \cap \Omega_{i_o \ldots i_n}$

donc $$\delta\beta = \alpha .$$

c) Théorème des recouvrements acycliques de LERAY.

DÉFINITION B.51.

Soit $\mathcal{U}$ un recouvrement ouvert de X. On dit que $\mathcal{U}$ est acyclique (pour F) si :

$$H^p(\Omega_{i_o \ldots i_q}, F) = 0 \quad \forall p > 0 \quad \forall q \geqslant 0, \forall \Omega_{i_j} \in \mathcal{U} .$$

THÉORÈME B.52.

Soit $\mathcal{U}$ un recouvrement acyclique de X. Alors $H^p(X, F)$ est isomorphe au p-ième groupe de cohomologie du complexe :

$$0 \longrightarrow \Gamma(X, F) \longrightarrow C^\circ(\mathcal{U}, X, F) \underset{\delta}{\longrightarrow} C^1(\mathcal{U}, X, F) \underset{\delta}{\longrightarrow} \dots$$

Démonstration.

Soit $F_{i_o \dots i_q}$ le faisceau sur X :

$$\Omega \longrightarrow F(\Omega_{i_o \dots i_q} \cap \Omega)$$

$$C^q(\mathcal{U}, F) = \prod_{i_o < \dots < i_q} F_{i_o \dots i_q}$$

D'après l'hypothèse "$\mathcal{U}$ acyclique" et le théorème B.33. :

$$H^p(X, C^q(\mathcal{U}, F)) = 0 \quad \forall p > 0 \quad \forall q \geqslant 0 .$$

On applique alors les théorèmes B.51. et B.32.

COMMENTAIRES

Nous nous sommes inspirés, dans la rédaction de ce chapitre, du livre (11) de GODEMENT.

Le lecteur pourra aussi consulter (5), (39) et (14, chapitre 1).

CHAPITRE I

HYPERFONCTIONS

§ 1 - Fonctions et fonctionnelles analytiques.

a) Fonctions holomorphes - Fonctions analytiques.

Soit Θ le faisceau des fonctions holomorphes sur $\mathbb{C}^n$. Si $\tilde{\Omega}$ est un ouvert de $\mathbb{C}^n$ on a posé :

$$H(\tilde{\Omega}) = \Gamma(\tilde{\Omega}, \mathcal{O})$$

Cet espace a une topologie du type FS (c'est même un espace de FRÉCHET nucléaire) pour les semi-normes :

$$p_K(f) = \sup_K |f|$$

où K parcourt la famille des compacts de Ω.

Soit K un compact de $\mathbb{C}^n$. On pose :

$$H(K) = \lim_{\overrightarrow{\tilde{\Omega} \supset K}} H(\tilde{\Omega})$$

On munira H(K) de la topologie limite inductive : c'est alors un espace du type D F S (en particulier il est séparé) et son dual, H'(K) est du type FS (c'est aussi un espace nucléaire).

De plus toute partie bornée de H(K) est contenue et bornée dans un espace $H(\tilde{\Omega})$ (26).

Soit $\mathcal{O}\!\mathcal{L}$ le faisceau des fonctions analytiques sur $\mathbb{R}^n$. Si K est un compact de $\mathbb{R}^n$ on a un isomorphisme :

$$\mathcal{O}\!\mathcal{L}(K) = H(K)$$

où $\mathcal{O}\!\!\mathcal{L}(K)$ désigne l'espace des fonctions analytiques au voisinage de K dans $\mathbb{R}^n$. On munira $\mathcal{O}\!\!\mathcal{L}(K)$ de la topologie de H(K). L'espace $H(\mathbb{C}^n)$ sera alors dense dans $\mathcal{O}\!\!\mathcal{L}(K)$.

<u>LEMME 111.</u>

<u>Soit</u> K_1 <u>et</u> K_2 <u>deux compacts réels.</u>

<u>L'application :</u>

$$\mathcal{O}\!\!\mathcal{L}(K_1)\times\mathcal{O}\!\!\mathcal{L}(K_2) \longrightarrow \mathcal{O}\!\!\mathcal{L}(K_1 \cap K_2)$$

$$(f_1\ ,\ f_2) \longrightarrow f_1 - f_2$$

<u>est un homomorphisme surjectif.</u>

<u>Démonstration.</u>

Il suffit d'après le théorème A.11 de montrer que l'application est surjective.

Plongeons $\mathbb{R}^n$ dans $\mathbb{R}^{n+1}$ par

$$x \longrightarrow (x, o)$$

et soit Δ le Laplacien dans $\mathbb{R}^{n+1}$

$$\Delta = \sum_{i=1}^{n} \partial^2/\partial x_i^2 + \partial^2/\partial t^2$$

Soit $\mathcal{O}\!\!\mathcal{L}_\Delta$ le faisceau dans $\mathbb{R}^{n+1}$ des solutions analytiques de l'équation :

$$\Delta u = 0$$

Soit $f \in \mathcal{O}\!\!\mathcal{L}(K_1 \cap K_2)$, $\tilde{\Omega}$ un voisinage de $K_1 \cap K_2$ dans $\mathbb{R}^{n+1}$ et $\tilde{f} \in \mathcal{O}\!\!\mathcal{L}_\Delta(\tilde{\Omega})$ telle que :

$$\tilde{f}\Big|_{\mathbb{R}^n \times \{o\}} = f$$

Une telle solution $\tilde{f}$ existe d'après le théorème de CAUCHY-KOWALEWSKI.

Soit $\tilde{\Omega}_1$ et $\tilde{\Omega}_2$ deux ouverts de $\mathbb{R}^{n+1}$ avec

$$\tilde{\Omega} \supset \tilde{\Omega}_1 \cap \tilde{\Omega}_2 \quad \supset \quad K_1 \cap K_2$$

$$\tilde{\Omega}_i \supset K_i \qquad i = 1 , 2$$

D'après le théorème A.23. il existe $\tilde{f}_i \in \mathfrak{A}_\Delta \ (\tilde{\Omega}_i) \quad (i = 1, 2)$

avec :

$$\tilde{f} = \tilde{f}_1 - \tilde{f}_2$$

Si l'on pose

$$f_i = \tilde{f}_i \Big|_{\mathbb{R}^n \times \{o\}} \qquad i = 1 , 2$$

on aura

$$f = f_1 - f_2 .$$

b) Fonctionnelles analytiques.

DÉFINITION III.

Soit $\tilde{\Omega}$ un ouvert de $\mathbb{C}^n$. Les éléments de $H'(\tilde{\Omega})$ sont appelés fonctionnelles analytiques sur $\tilde{\Omega}$. On dira que $u \in H'(\tilde{\Omega})$ est portable par un compact $K \subset \tilde{\Omega}$ si pour tout ouvert $\tilde{\omega} \supset K$, u se prolonge à $H(\tilde{\omega})$ i, e si :

$$\forall\ \tilde{\omega} \supset K, \quad \exists\ K_{\tilde{\omega}} \text{ compact de } \tilde{\omega}, \ \exists\ C_{\tilde{\omega}} \quad \text{tels que :}$$

$$\forall f \in H(\tilde{\Omega})$$

$$|\langle u, f\rangle| \leqslant C_{\tilde{\omega}} \sup_{K_{\tilde{\omega}}} |f|$$

Si $u \in H'(\tilde{\Omega})$ il existera au moins un compact qui porte u et il résulte du théorème de HAHN-BANACH , ($H(\tilde{\Omega})$ étant un sous-espace fermé de $C^\circ(\tilde{\Omega})$) qu'il existera un compact $K \subset \tilde{\Omega}$ et une mesure μ à support dans K tels que :

$$\forall f \in H(\tilde{\Omega}) \quad , \quad \langle u , f \rangle = \int_{\Omega} f \, d\mu$$

LEMME 112.

Soit K un compact polynômialement convexe de $\mathbb{C}^n$ et $u \in H'(\mathbb{C}^n)$
u est portable par K si et seulement si u se prolonge à $H'(K)$.

Démonstration.

- La condition est évidemment suffisante.

- Réciproquement soit $(\tilde{\Omega}_n)_{n \in N}$ un système fondamental de voisinages de RUNGE de K et soit $u_n \in H'(\tilde{\Omega}_n)$ des prolongements de u.

Comme $H(\mathbb{C}^n)$ est dense dans $H(\tilde{\Omega}_n)$ on a :

$$u_n \mid H(\tilde{\Omega}_{n'}) = u_{n'} \quad \text{si} \quad n > n'$$

donc les u_n définissent un élément de

$$(\lim_{\overrightarrow{n}} H(\tilde{\Omega}_n))' = H'(K) .$$

Si Ω est un ouvert de $\mathbb{R}^n$, soit $\mathfrak{A}(\Omega)$ l'espace des fonctions analytiques sur Ω muni de la topologie :

$$\mathfrak{A}(\Omega) = \lim_{\overleftarrow{K \subset \Omega}} \mathfrak{A}(K)$$

Les éléments de $\mathfrak{A}'(\mathbb{R}^n)$ seront appelés fonctionnelles analytiques réelles. Ce sont les fonctionnelles analytiques sur $\mathbb{C}^n$ qui sont portables par des compacts réels.

THÉORÈME 111.

Soit $u \in \mathfrak{A}'(\mathbb{R}^n)$, $u \neq 0$. Il existe un plus petit compact réel qui porte u. On l'appelle le support de u et le note $\sigma(u)$.

Démonstration.

Soit K_1 et K_2 deux compacts réels qui portent u.

Soit N le noyau de l'application

$$\mathfrak{A}(K_1) \times \mathfrak{A}(K_2) \longrightarrow \mathfrak{A}(K_1 \cap K_2)$$
$$(f_1\ ,\ f_2) \longrightarrow f_1 - f_2\ .$$

Si $(f_1, f_2) \in N$, il existe $g \in \mathfrak{A}(K_1 \cup K_2)$ qui prolonge f_1 et f_2 .

Soit $g_p \in H(\mathbb{C}^n)$, g_p convergeant vers g dans $\mathfrak{A}(K_1 \cup K_2)$.

$$\langle u, g \rangle = \lim_p \langle u, g_p \rangle$$
$$= \langle u, f_i \rangle \quad i = 1, 2\ .$$

Donc on peut poser, si

$f \in \mathfrak{A}(K_1 \cap K_2)$ est de la forme $f_1 - f_2$:

$$\langle u, f \rangle = \langle u\ , f_1 \rangle - \langle u, f_2 \rangle\ .$$

Cette forme linéaire est définie sur $\mathfrak{A}(K_1 \cap K_2)$ et continue d'après le lemme 111.

Comme $u \neq 0$, cela montre que

$$K_1 \cap K_2 \neq \emptyset\ .$$

Le passage à une famille quelconque de compacts est alors évident.

Remarquons que :

$$\sigma(u_1 + u_2) \subset \sigma(u_1) + \sigma(u_2)$$
$$\sigma(\lambda u) \subset \sigma(u) \qquad \lambda \in \mathbb{C}\ .$$

LEMME 113.

Soit $K = \bigcup_{i=1}^{p} K_i$ des compacts réels. Soit $u \in \mathfrak{A}'(\mathbb{R}^n)$, $\sigma(u) \subset K$. Il existe des $u_i \in \mathfrak{A}'(\mathbb{R}^n)$ $(i = 1 \ldots p)$ avec :

$$u = \sum_{i=1}^{p} u_i$$

$$\sigma(u_i) \subset K_i$$

Démonstration.

Il faut voir que l'application :

$$\prod_{i=1}^{p} \mathfrak{A}'(K_i) \longrightarrow \mathfrak{A}'(K)$$

$$(u_i)_{i=1}^{p} \longrightarrow \sum_{i=1}^{p} u_i$$

est surjective, donc que l'application :

$$\mathfrak{A}(K) \longrightarrow \sum_{i=1}^{p} \mathfrak{A}(K_i)$$

$$f \longrightarrow (f|K_i)_{i=1}^{p}$$

est injective et d'image fermée ce qui est facile à vérifier.

Remarquons maintenant que les distributions à support compact sont des fonctionnelles analytiques car d'après le théorème de STONE-WEIERSTRASS l'injection continue :

$$\mathfrak{A}(\mathbb{R}^n) \longrightarrow \mathcal{E}(\mathbb{R}^n)$$

est d'image dense.

De même $\mathfrak{A}(\Omega)$ est dense dans $\mathcal{E}(\Omega)$.

LEMME 114.

Soit $u \in \mathcal{E}'(\mathbb{R}^n)$. Désignons (provisoirement) par supp(u) son support en tant que distribution et par $\sigma(u)$ son support en tant que fonctionnelle analytique. On a :

$$\sigma(u) = \text{supp}(u).$$

Démonstration.

Soit K = supp(u). Pour tout ouvert $\Omega \supset K$ u se prolonge à $\mathcal{E}(\Omega)$ donc à

$\mathcal{O}\!\mathcal{C}(\Omega)$ et par suite

$$\sigma(u) \subset K .$$

Inversement soit $u \in \mathcal{E}'(\mathbb{R}^n)$ tel que u se prolonge à $\mathcal{O}\!\mathcal{C}'(K)$ et soit $\varphi \in \mathcal{D}(\mathbb{R}^n)$

$$\operatorname{supp}(\varphi) \cap K = \emptyset .$$

Il faut montrer que

$$\langle u, \varphi \rangle = 0 .$$

Pour celà il suffit de construire des fonctions φ_ε ayant les propriétés :

$$\varphi_\varepsilon \in \mathcal{O}\!\mathcal{C}(\mathbb{R}^n)$$

$$\varphi_\varepsilon \longrightarrow \varphi \quad \text{dans } \mathcal{E}(\mathbb{R}^n)$$

$$\varphi_\varepsilon \longrightarrow 0 \quad \text{dans } \mathcal{O}\!\mathcal{C}(K).$$

On vérifie que si

$$\rho_\varepsilon \in \mathcal{O}\!\mathcal{C}(\mathbb{R}^n)$$

$$\rho_\varepsilon \longrightarrow \delta \quad \text{dans } \mathcal{D}'(\mathbb{R}^n)$$

$$\rho_\varepsilon \longrightarrow 0 \quad \text{dans } \mathcal{O}\!\mathcal{C}(\mathbb{R}^n - \{0\})$$

les fonctions

$$\varphi_\varepsilon = \varphi * \rho_\varepsilon$$

répondront à la quqstion.

Soit alors Ξ l'ensemble des n-uples $\alpha = (\alpha_1, \ldots \alpha_n)$ avec $\alpha_i = \pm 1$

On pose : $\|\alpha\| = \alpha_1 \ldots \alpha_n$

$$\rho_\varepsilon(x) = \left(\frac{-1}{2i\pi}\right)^n \sum_{\alpha \in \Xi} \|\alpha\| \frac{1}{(x_1 + i\varepsilon\alpha_1) \ldots\ldots (x_n + i\varepsilon\alpha_n)}$$

Il est clair que ρ_ε tend vers 0 dans $\mathcal{O}\!\mathcal{C}(\mathbb{R}^n - \{0\})$.

Montrons que ρ_ε tend vers δ dans $\mathcal{D}'(\mathbb{R}^n)$.

Soit $\theta \in \mathcal{D}(\mathbb{R}^n)$. Prolongeons θ à $\mathbb{C}^n$ en posant

$$\theta(z) = \theta(x) \quad (x = \text{Re } z).$$

Soit $e > o$ tel que

$$(\text{supp } \theta) \subset (\,]-e, +e[\,)^n .$$

Soit D_i^ε le rectangle dans $\mathbb{C}$:

$$|x_i| \leq e \qquad |y_i| \leq \varepsilon$$

On a :

$$\langle \rho_\varepsilon, \theta \rangle = \left(\frac{1}{2i\pi}\right)^n \int_{\partial D_1^\varepsilon} \cdots \int_{\partial D_n^\varepsilon} \frac{\theta(z)}{z_1 \cdots z_n} \, dz_1 \ldots dz_n .$$

Démontrons par récurrence que :

$$\theta(0) - \langle \rho_\varepsilon , \theta \rangle \xrightarrow[\varepsilon]{} 0$$

C'est vrai pour $n = 1$ d'après la formule de CAUCHY (théorème A.31).

Supposons démontré ce fait pour $n - 1$:

$$\theta(0 \ldots 0, 0) = \left(\frac{1}{2i\pi}\right)^{n-1} \int_{\partial D_1^\varepsilon} \cdots \int_{\partial D_{n-1}^\varepsilon} \frac{\theta(z',o)}{z_1 \cdots z_{n-1}} \, dz_1 \ldots dz_{n-1} + I_\varepsilon(\theta(z',o))$$

avec $I_\varepsilon(\theta(z', o)) \xrightarrow[\varepsilon]{} 0$.

L'intégrale du deuxième membre vaut d'après la formule de CAUCHY :

$$\langle \rho_\varepsilon, \theta \rangle + \left(\frac{1}{2i\pi}\right)^n \int_{\partial D_1^\varepsilon} \cdots \int_{\partial D_{n-1}^\varepsilon} \int_{D_n^\varepsilon} \frac{\partial\theta/\partial \bar{z}_n}{z_1 \cdots z_n} \, dz_1 \ldots dz_{n-1} (dz_n \wedge d\bar{z}_n)$$

et cette dernière intégrale tend vers o avec ε.

Soit maintenant Ω un ouvert de $\mathbb{R}^n$ et K un compact de Ω. On désignera par "enveloppe de K" (dans Ω) et on note $\tilde{K}$, la réunion de K et des composantes connexes relativement compactes (dans Ω) de $\Omega - K$. C'est encore un compact (23).

LEMME 115.

Si $K = \tilde{K}$, $\mathcal{O}\mathcal{C}'(\partial\Omega)$ est dense dans $\mathcal{O}\mathcal{C}'(\overline{\Omega - K})$.

Démonstration.

Il suffit de voir que l'application de $\mathfrak{A}(\overline{\Omega - K})$ dans $\mathfrak{A}(\partial\Omega)$ est injective, donc que $\overline{\Omega - K}$ n'a pas de composantes ouvertes et fermées disjointes de $\partial\Omega$.

Soit ω une telle composante : ω est ouvert dans $\overline{\Omega - K}$ donc

$$\omega = \Omega' \cap \overline{\Omega - K}$$

où Ω' est ouvert dans $\mathbb{R}^n$.

Par définition de l'adhérence $\Omega' \cap (\Omega - K) \neq \emptyset$.

Donc $\Omega' \cap (\Omega - K)$ est un ouvert non vide de $\Omega - K$ et comme ω est fermé dans $\overline{\Omega - K}$, $\omega \cap (\Omega - K)$ est fermé dans $\Omega - K$.

Si $\omega \cap \partial\Omega = \emptyset$ on aura ainsi obtenue une composante ouverte et fermée relativement compacte de $\Omega - K$, ce qui est contradictoire.

§ 2 - Hyperfonctions.

a) Hyperfonctions sur un ouvert borné de $\mathbb{R}^n$.

Soit Ω un ouvert borné de $\mathbb{R}^n$. On pose :

$$B(\Omega) = \frac{\mathfrak{A}'(\overline{\Omega})}{\mathfrak{A}'(\partial\Omega)}$$

DÉFINITION 121.

Les éléments de $B(\Omega)$ s'appellent des hyperfonctions sur Ω.

Soit K un compact contenant Ω.

$$K = (K - \Omega) \cup \overline{\Omega} .$$

D'après le lemme 113 tout élément $u \in \mathfrak{A}'(K)$ peut s'écrire :

$$u = u_1 + u_2$$

$$u_1 \in \mathfrak{A}'(K - \Omega), \; u_2 \in \mathfrak{A}'(\overline{\Omega}).$$

Cela montre que l'application canonique :

$$\frac{\mathfrak{A}(\bar{\Omega})}{\mathfrak{A}'(\partial\Omega)} \longrightarrow \frac{\mathfrak{A}'(K)}{\mathfrak{A}'(K-\Omega)}$$

qui est évidemment injective, est aussi surjective.

$$B(\Omega) \simeq \frac{\mathfrak{A}'(K)}{\mathfrak{A}'(K-\Omega)} \qquad K \supset \Omega .$$

Soit maintenant ω un ouvert contenu dans Ω.

L'application

$$\mathfrak{A}'(\bar{\Omega}) \longrightarrow \frac{\mathfrak{A}'(\bar{\Omega})}{\mathfrak{A}'(\bar{\Omega}-\omega)}$$

définit une application :

$$B(\Omega) \longrightarrow B(\omega)$$

appelée restriction.

Si $T \in B(\Omega)$, on note $T|\omega$ son image dans $B(\omega)$. Il est clair que si $\Omega_3 \subset \Omega_2 \subset \Omega_1$, $T \in B(\Omega_1)$ on a :

$$(T|\Omega_2)|\Omega_3 = T|\Omega_3$$

donc que la collection des $B(\omega)$ définit sur Ω un préfaisceau (d'espaces vectoriels) que l'on notera provisoirement $B\|\Omega$.

LEMME 121.

Soit Ω un ouvert borné de $\mathbb{R}^n$.

1) Le préfaisceau $B\|\Omega$ est un faisceau

2) Ce faisceau est flasque

3) Si K est un compact de Ω

$$\Gamma_K(\Omega, B\|\Omega) = \mathfrak{A}'(K)$$

4) Si $F = \bigcup_{i=1}^{p} F_i$ sont des fermés de Ω, $T \in \Gamma_F(\Omega, B\|\Omega)$, il existe

$T_i \in \Gamma_{F_i}(\Omega, B\|\Omega)$ tels que

$$T = \sum_{i=1}^{p} T_i$$

5) Si ω est un ouvert de Ω

$$(B\|\Omega)\Big|\omega = B\|\omega .$$

Démonstration.

1) a/ Soit $\Omega = \bigcup_{i\in I} \Omega_i$, $T \in B(\Omega)$ tel que : $T\big|\Omega_i = 0 \quad \forall i \in I$.
Cela veut dire que si $\overline{T} \in \mathfrak{A}'(\overline{\Omega})$ est un représentant de T l'image de $\overline{T}$ dans $\dfrac{\mathfrak{A}'(\overline{\Omega})}{\mathfrak{A}'(\overline{\Omega}-\Omega_i)}$ est nulle pour tout i, d'où :

$$\sigma(\overline{T}) \cap \Omega_i = 0 \quad \forall i \Longrightarrow \sigma(\overline{T}) \subset \partial\Omega \Longrightarrow T = 0 .$$

1) b/ Soit $\Omega = \Omega_1 \cup \Omega_2$, $T_i \in B(\Omega_i)$ (i = 1, 2), avec

$$T_1\Big|\Omega_1 \cap \Omega_2 = T_2\Big|\Omega_1 \cap \Omega_2 = T .$$

Soit $\overline{T} \in \mathfrak{A}'(\overline{\Omega_1 \cap \Omega_2})$ $\overline{T}_i \in \mathfrak{A}'(\overline{\Omega}_i)$ des représentants de T, T_i(i = 1, 2).

Comme $\sigma(\overline{T}_i - T) \subset \overline{\Omega}_i - \Omega_1 \cap \Omega_2$ et comme

$$\overline{\Omega}_i - \Omega_1 \cap \Omega_2 = \overline{\Omega_i - \Omega_1 \cap \Omega_2} \cup (\overline{\Omega}_i - \Omega_i) \quad ,$$

on peut, en remplaçant $\overline{T}_i$ par un $\overline{T}'_i$ équivalent, supposer que :

$$\overline{T}_i = \overline{T} + S_i \qquad \sigma(S_i) \subset \overline{\Omega_i - \Omega_1 \cap \Omega_2}$$

Posons

$$\overline{T}' = \overline{T} + S_1 + S_2 \in \mathfrak{A}'(\overline{\Omega_1 \cup \Omega_2})$$

Soit T' l'image de $\overline{T}'$ dans $B(\Omega_1 \cup \Omega_2)$.

On a $T'\big|\Omega_i = T_i$ car $\sigma(\overline{T}' - T_i) \cap \Omega_i = \sigma(S_j) \cap \Omega_i$ (avec $j \neq i$)

et cet ensemble est contenu dans :

$$\overline{\Omega_j - \Omega_1 \cap \Omega_2} \cap \Omega_i = \emptyset$$

1) c/ Soit maintenant $\Omega = \bigcup_{i \in I} \Omega_i$ et $T_i \in B(\Omega_i)$, avec

$$T_i \Big| \Omega_i \cap \Omega_j = T_j \Big| \Omega_i \cap \Omega_j \ .$$

On peut supposer le recouvrement dénombrable et d'après 1) b/ croissant.

On peut aussi supposer $\Omega_n \subset\subset \Omega_{n+1}$ et comme l'enveloppe (dans Ω) d'un compact de Ω est un compact de Ω, on peut supposer d'après 1) b/ que :

$$\Omega = \bigcup_{n=0}^{\infty} \Omega_n$$

$$\Omega_n \subset\subset \Omega_{n+1}$$

$$\tilde{\overline{\Omega}}_n = \overline{\Omega}_n \quad \text{(où } \tilde{\overline{\Omega}}_n \text{ est l'enveloppe de } \overline{\Omega}_n \text{ dans } \Omega\text{).}$$

$$T_n \in B(\Omega_n) \quad , \ T_{n+p} \Big| \Omega_n = T_n$$

Soit $\overline{T}_n \in \mathfrak{a}'(\overline{\Omega}_n)$ un représentant de T_n.

Soit d_n une distance définissant la topologie de $\mathfrak{a}'(\overline{\Omega} - \Omega_n)$ et $\varphi_n \in \mathfrak{a}'(\partial\Omega)$ tels que :

$$d_i(T_{n+1} - \varphi_{n+1} - (T_n - \varphi_n)) \leqslant 2^{-n} \quad \forall i \leqslant n \ .$$

On construit les φ_n par récurrence grâce au lemme 115.

La suite $T_n - \varphi_n$ converge vers un élément $\overline{T} \in \mathfrak{a}'(\overline{\Omega})$.

On a

$$\overline{T} = \overline{T} - (\overline{T}_n - \varphi_n) + (\overline{T}_n - \varphi_n) = (\overline{T}_n - \varphi_n) + \lim_p (T_p - \varphi_p - (\overline{T}_n - \varphi_n))$$

Comme la suite

$$(\overline{T}_p - \varphi_p - (\overline{T}_n - \varphi_n))_p$$

converge dans $\mathfrak{A}'(\overline{\Omega} - \Omega_n)$,

$$\overline{T} = \overline{T}_n - \varphi_n + S_n \qquad S_n \in \mathfrak{A}'(\overline{\Omega} - \Omega_n)$$

et donc $\overline{T}\big|\Omega_n = T_n$.

2) Le faisceau $B\|\Omega$ est flasque car si $\omega \subset \Omega$, $T \in B(\omega)$ il existe $\overline{T} \in \mathfrak{A}'(\overline{\omega})$ représentant T et l'image de $\overline{T}$ dans $B(\Omega)$ sera un prolongement de T.

3) On a une injection si $K \subset \Omega$:

$$\mathfrak{A}'(K) \longrightarrow \frac{\mathfrak{A}'(\overline{\Omega})}{\mathfrak{A}'(\partial\Omega)}$$

et l'image de $\mathfrak{A}'(K)$ est l'ensemble des $T \in B(\Omega)$ nulle sur $\Omega - K$, donc est

$$\Gamma_K(\Omega, B\|\Omega)$$

4) Soit $\overline{F}$, $\overline{F_i}$ les adhérences de F et F_i dans Ω et $\overline{T}$ un prolongement de T à $\mathfrak{A}'(\overline{\Omega})$

$$\sigma(\overline{T}) \subset \partial\Omega \cup \overline{F}$$

donc en appliquant le lemme 113 on peut supposer

$$\sigma(\overline{T}) \subset \overline{F}$$

et soit $\overline{T}_i \in \mathfrak{A}'(\overline{F_i})$

$$\overline{T} = \sum_{i=1}^{p} \overline{T}_i .$$

Si $T_i = \overline{T}_i\big|\Omega$, on a

$$T = \sum_{i=1}^{p} T_i .$$

5) Si $\omega' \subset \omega \subset \Omega$ sont des ouverts on a :

$$\Gamma(\omega', B\|\Omega) = B(\omega') = \Gamma(\omega', B\|\omega)$$

b) Hyperfonctions sur R^n .

Soit B' le préfaisceau sur $\mathbb{R}^n$ défini ainsi :

- Si Ω n'est pas borné $B'(\Omega) = \{0\}$.
- Si Ω est borné $B'(\Omega) = B(\Omega)$ les restrictions étant définies par :

$$\begin{array}{ccl} B'(\Omega) & \longrightarrow & B'(\omega) \\ 0 & \longrightarrow & 0 \quad \text{si } \Omega \text{ n'est pas borné.} \\ T & \longrightarrow & T|\omega \quad \text{si } \Omega \text{ est borné.} \end{array}$$

Ce préfaisceau vérifie l'axiome F 1 des faisceaux mais par F 2 .

On désignera par B le faisceau associé à ce préfaisceau, c'est un faisceau d'espace vectoriel sur $\mathbb{C}$.

DÉFINITION 122.

Le faisceau B est le faisceau des hyperfonctions sur $\mathbb{R}^n$.

Si $T \in \Gamma(\Omega, B) = B(\Omega)$, T est une hyperfonction sur Ω.

Une hyperfonction sur Ω est donc définie par :

- Un recouvrement $\Omega = \bigcup_{i \in I} \Omega_i$ où les Ω_i sont des ouverts bornés
- des $T_i \in B(\Omega_i)$ satisfaisant à $T_i|\Omega_i \cap \Omega_j = T_j|\Omega_i \cap \Omega_j$.

Deux tels couples $(\Omega_i, T_i)_{i \in I}$ et $(\Omega_{i'}, T_{i'})_{i' \in I'}$ définiront la même hyperfonction si :

$$T_i|\Omega_i \cap \Omega_{i'} = T_{i'}|\Omega_i \cap \Omega_{i'} \quad \forall i \in I, \ i' \in I' .$$

THÉORÈME 121.

1) Pour tout ouvert borné

$$B|\Omega = B\|\Omega .$$

2) Le faisceau B est flasque.

3) Si K est un compact de $\mathbb{R}^n$

$$\Gamma_K(\mathbb{R}^n, B) = \mathcal{O}\mathcal{C}'(K)$$

4) Si $F = \bigcup_{i=1}^{p} F_i$ sont des fermés d'un ouvert Ω de $\mathbb{R}^n$ et si $T \in \Gamma_F(\Omega, B)$, il existe des $T_i \in \Gamma_{F_i}(\Omega, B)$ avec

$$T = \sum_{i=1}^{p} T_i \quad .$$

On écrira $B_F(\Omega)$ pour $\Gamma_F(\Omega, B)$.

On écrira $\sigma(T)$ pour le support d'une hyperfonction T.

Démonstration.

1) est évident

2) soit $T_o \in B(\Omega_o)$, Ω_o ouvert de $\mathbb{R}^n$ et soit E la famille des couples (Ω, T) avec

$$\Omega_o \subset \Omega, \quad T\big|\Omega_o = T_o$$

E est ordonné et inductif pour la relation

$$(\Omega, T) < (\Omega', T') \text{ si}$$

$$\Omega \subset \Omega' \quad , T'\big|\Omega = T$$

Soit (Ω, T) un élément maximal et supposons qu'il existe $x_o \notin \Omega$. Soit ω un ouvert borné contenant x_o. L'hyperfonction $T\big|\Omega \cap \omega$ se prolonge en $T_\omega \in B(\omega)$ d'après le lemme 121 et donc il existe $S \in B(\Omega \cup \omega)$ avec :

$$S\big|\omega = T_\omega \quad S\big|\Omega = T$$

ce qui est contradictoire.

3) résulte de 1) et du lemme 121.

4) Pour simplifier les notations supposons que $\Omega = \mathbb{R}^n$, $F = F_1 \cup F_2$.

Soit E la famille des triplets (Ω, T_1, T_2), $T_i \in B_{F_i}(\Omega)$ $(i = 1, 2)$

$$T_1 + T_2 = T\big|\Omega$$

E est ordonné et inductif pour la relation d'ordre d'inclusion et de prolongement.

Soit (Ω, T_1, T_2) un élément maximal et supposons qu'il existe $x_o \notin \Omega$. Soit ω un ouvert borné contenant x_o.

Les $T_i\big|\Omega \cap \omega \in B_{F_i}(\Omega \cap \omega)$ se prolongent en

$$T_i' \in B_{\overline{F_i \cap \Omega}}(\omega)$$

et $T\big|\omega - T_1' - T_2' \in B_{F_1 \cup F_2 - (F_1 \cup F_2) \cap \Omega}(\omega)$ donc d'après le lemme 121 il existe $S_i \in B_{F_i - F_i \cap \Omega}(\omega)$ tel que

$$T\big|\omega = T_1' + T_2' + S_1 + S_2 .$$

Comme $(T_i' + S_i)\big|\Omega \cap \omega = T_i\big|\Omega \cap \omega$, il existe $T_i'' \in B(\Omega \cup \omega)$ tel que :

$$T_i''\big|\Omega = T_i \quad , \quad T_i''\big|\omega = T_i' + S_i .$$

Donc

$$T_i'' \in B_{F_i}(\Omega \cup \omega) \text{ et}$$

$$T\big|\Omega \cup \omega = T_1'' + T_2''$$

ce qui est contradictoire.

<u>THÉORÈME 122.</u>

<u>Le faisceau $\mathcal{D}'$ des distributions est un sous-faisceau de B.</u>

Démonstration.

Soit Ω un ouvert de $\mathbb{R}^n$. On définit ainsi l'application

$$\mathcal{D}'(\Omega) \longrightarrow B(\Omega)$$

Soit Ω_n une suite d'ouverts avec :

$$\Omega_n \subset\subset \Omega_{n+1} \qquad \bigcup_n \Omega_n = \Omega.$$

Soit $\varphi_n \in \mathcal{D}(\Omega_{n+1})$, $\varphi_n = 1$ au voisinage de $\overline{\Omega_n}$.

Soit $T \in \mathcal{D}'(\Omega)$ et $T_n = \varphi_n \ T$.

$T_n \in \mathcal{E}'(\Omega)$ donc $T_n \in \mathcal{O}\!\mathcal{C}'(\Omega)$ et $T_n\big|\Omega_n \in B(\Omega_n)$.

Si $p > n$

$$T_p - T_n \in \mathcal{E}'(\Omega_{p+1} - \bar{\Omega}_n)$$

et donc $\sigma(T_p - T_n) \cap \Omega_n = \emptyset$

$$T_p\big|\Omega_n = T_n\big|\Omega_n \quad \text{dans } B(\Omega_n)$$

La suite des $T_n\big|\Omega_n$ définit une hyperfonction $T' \in B(\Omega)$. Il est facile de vérifier que T' est indépendant du choix des (Ω_n, φ_n) et que l'on a ainsi construit une application linéaire de $\mathcal{D}'(\Omega)$ dans $B(\Omega)$ qui commute avec les restrictions.

Si $T \in \mathcal{D}'(\Omega)$ est d'image nulle c'est que pour tout n

$$\sigma(\varphi_n \ T) \cap \Omega_n = \emptyset$$

donc d'après le lemme 114 que la restriction de T à $\mathcal{D}'(\Omega_n)$ est nulle, donc que $T = 0$.

Remarque.

On aurait pu dans ce théorème remplacer $\mathcal{D}'$ par un faisceau d'ultra-distributions (31, 33).

§ 3 - Opérations sur les hyperfonctions.

a) Multiplication par une fonction analytique.

Si $f \in \mathfrak{A}(\Omega)$, $u \in \mathfrak{A}'(\Omega)$ on définit

$$fu \in \mathfrak{A}'(\Omega)$$

par

$$\langle fu, g \rangle = \langle u, fg \rangle \quad \forall g \in \mathfrak{A}(\Omega)$$

On a

$$\sigma(fu) \subset \sigma(u)$$

et $\mathfrak{A}'(\Omega)$ est un $\mathfrak{A}(\Omega)$-module.

Soit maintenant $T \in B(\Omega)$ et $(\Omega_n)_{n \in \mathbb{N}}$ un recouvrement ouvert de Ω avec

$$\Omega_n \subset\subset \Omega_{n+1}$$

Soit $\bar{T}_n \in \mathfrak{A}'(\bar{\Omega}_n)$ tels que

$$\bar{T}_n \big|_{\Omega_n} = T \big|_{\Omega_n} = T_n$$

On a

$$f\, \bar{T}_{n+p} \big|_{\Omega_n} = f\, \bar{T}_n \big|_{\Omega_n}$$

donc les $f\, \bar{T}_n \big|_{\Omega_n}$ définissent une hyperfonction qui ne dépend que de f et de T et que nous noterons f T.

On vérifiera que l'on a ainsi défini sur $B(\Omega)$ une structure de $\mathfrak{A}(\Omega)$-module, et même que le faisceau B est un $\mathfrak{A}$-module.

b) Convolution.

Soit $u \in H'(\mathbb{C}^n)$, $f \in H(\mathbb{C}^n)$.

On définit

$$u * f \in H(\mathbb{C}^n)$$

par

$$(u * f)(z) = \langle u_\xi \, , \, f(z - \xi) \rangle$$

On pose

$$\langle \check{u}, f \rangle = \langle u, \check{f} \rangle$$

où $$\check{f}(z) = f(-z)$$

Si $v \in H'(\mathbb{C}^n)$, on définit $u * v$ par :

$$\langle u * v, f \rangle = \langle v \, , \check{u} * f \rangle$$

En représentant les fonctionnelles analytiques sur $\mathbb{C}^n$ par des mesures à support compact on voit que si $u_i \in H'(\mathbb{C}^n)$ est portable par K_i $(i = 1, 2)$,

$u_1 * u_2$ est portable par $K_1 + K_2$.

$H'(\mathbb{C}^n)$ est une algèbre commutative et $\mathfrak{a}'(\mathbb{R}^n)$ en est une sous-algèbre .

Si $u_1, u_2 \in \mathfrak{a}'(\mathbb{R}^n)$ on a :

$$\sigma(u_1 * u_2) \subset \sigma(u_1) + \sigma(u_2) .$$

Soit maintenant $T \in B(\mathbb{R}^n)$ et $u \in \mathfrak{a}'(\mathbb{R}^n)$. On va définir $u * T$.

Soit Ω_n la boule ouverte de centre o, de rayon n et

$$T_n \in \mathfrak{a}'(\bar{\Omega}_n) \, , \quad T_n \big| \Omega_n = T \big| \Omega_n$$

Soit p tel que $u \in \mathfrak{a}'(\Omega_p)$.

Si $n' \geq n > p$, on a :

$$(u * T_n) \big| \Omega_{n-p} = (u * T_{n'}) \big| \Omega_{n-p} \, ,$$

puisque

$$\sigma(u * (T_n - T_{n'}) \subset \Omega_p + \overline{\Omega_{n'} - \Omega_n} \subset \complement \Omega_{n-p}.$$

La suite des

$$(u * T_n)\big|\,\Omega_{n-p}$$

définit une hyperfonction que nous noterons u * T.

On vérifie que l'on a ainsi défini une application linéaire de $B(\mathbb{R}^n)$ dans $B(\mathbb{R}^n)$ qui prolonge la convolution des fonctionnelles analytiques, et si $u \in \mathcal{E}'(\mathbb{R}^n)$ qui prolonge la convolution des distributions.

Le produit de convolution de plusieurs hyperfonctions, toutes sauf une au plus à support compact, est commutatif et distributif par rapport à l'addition.

Soit $u \in \mathfrak{A}'(\mathbb{R}^n)$, $T \in B(\mathbb{R}^n)$.

On a :

$$\sigma(u * T) \subset \sigma(u) + \sigma(T)$$

En effet soit $T_n \in \mathfrak{A}'(\overline{\Omega_n})$ avec $T_n\big|\Omega_n = T\big|\Omega_n$.

On peut en modifiant T_n sur $\partial\Omega_n$ supposer

$$\sigma(T_n) \subset \sigma(T)$$

alors

$$\sigma(u * T) \cap \Omega_{n-p} = \sigma(u * T_n) \cap \Omega_{n-p}$$

$$\subset (\sigma(u) + \sigma(T_n)) \cap \Omega_{n-p}$$

$$\subset (\sigma(u) + \sigma(T)) \cap \Omega_{n-p} \quad .$$

Cela nous permet de prolonger notre définition de la convolution.

Si $T \in B(\Omega)$, $u \in \mathfrak{A}'(\omega)$ et si Ω' est un ouvert tel que

$$(\omega + \complement\Omega) \cap \Omega' = \emptyset$$

on pose :

$$(u * T)\big|\,\Omega' = (u * \overline{T})\big|\,\Omega'$$

où $\overline{T}$ est un prolongement de T à $B(\mathbb{R}^n)$.

En particulier si $u \in \mathfrak{A}'(\{0\})$ $u*$ définit un morphisme du faisceau B.

DÉFINITION 131.

Soit F un sous-faisceau de B.

On appelle F-support d'un élément $T \in B(\Omega)$ et on note

$$F - \sigma(T)$$

le plus petit fermé de Ω en dehors duquel T appartient à F . (Ou encore $F - \sigma(T)$ est le support de l'image de T dans le faisceau quotient B/F).

Si $F = \{0\}$, on a donc

$$\{0\} - \sigma(T) = \sigma(T)$$

Si $F = B$, $B - \sigma(T) = \emptyset$

THÉORÈME 131.

Soit $T \in B(\mathbb{R}^n)$, $u \in \mathfrak{A}'(\mathbb{R}^n)$

$$\mathfrak{A} - \sigma(T * u) \subset \mathfrak{A} - \sigma(T) + \mathfrak{A} - \sigma(u) .$$

Démonstration.

1/ Il suffit de démontrer cette formule pour $T \in \mathfrak{A}'(\mathbb{R}^n)$ car si Ω_n est la boule de centre o , de rayon n, et si $T_n \in \mathfrak{A}'(\overline{\Omega}_n)$ coïncide avec T dans Ω_n, on aura :

$$\mathfrak{A} - \sigma(T * u) \subset \mathfrak{A} - \sigma(T_n) + \mathfrak{A} - \sigma(u)) \cup (\sigma(T - T_n) + \sigma(u))$$

et pour p fixé, n assez grand cet ensemble coïncide sur Ω_p avec

$$\mathfrak{A} - \sigma(T) + \mathfrak{A} - \sigma(u) .$$

2/ Supposons donc $T \in \mathfrak{A}'(\mathbb{R}^n)$ et soit K_1 et K_2 des voisinages compacts de $\mathfrak{A} - \sigma(T)$ et $\mathfrak{A} - \sigma(u)$.

On peut écrire :

$$T = v_1 + v_2$$

$$u = u_1 + u_2$$

avec

$$\sigma(v_1) \subset K_1$$

$$\sigma(u_1) \subset K_2$$

$$v_2 = 1_{\omega_1} f_1$$

$$u_2 = 1_{\omega_2} f_2$$

où 1_{ω_i} est la fonction caractéristique de $\omega_i = \mathbb{R}^n - K_i$ (i = 1, 2) et f_i est analytique au voisinage de $\bar{\omega}_i$.

Le théorème résulte alors du :

LEMME 131.

Soit Ω un ouvert, $f \in \mathfrak{A}(\bar{\Omega})$ $u \in \mathfrak{A}'(\mathbb{R}^n)$. On a :

$$\mathfrak{A} - \sigma(u * 1_\Omega f) \subset \partial \Omega + \sigma(u)$$

et si $x_o \notin \partial\Omega + \sigma(u)$

$$(1_\Omega f * u)(x_o) = \langle u_x , f(x_o - x) \rangle$$

Démonstration.

On peut supposer Ω borné.

Soit 1_ε la fonction caractéristique de la boule de centre x_o , de rayon ε.

Posons :

$$v = 1_{\Omega} f * u - 1_{\varepsilon} \langle u_t , f(x - t) \rangle$$

Il faut démontrer que pour ε assez petit, x_o n'appartient pas à $\sigma(v)$.

Soit $g_n \in \mathfrak{A}(\mathbb{R}^n)$, une suite de fonctions qui tend vers 0 dans $\mathfrak{A}(\mathbb{R}^n - x_o)$.

Il suffit de vérifier que

$$\langle v, g_n \rangle \longrightarrow 0$$

$$\langle v, g_n \rangle = \langle u_t , \int_{\mathbb{R}^n} 1_{\Omega}(-x) f(-x) g_n(t-x)\, dx \rangle - \int_{\mathbb{R}^n} 1_{\varepsilon}(x)\, g_n(x) \langle f(x-t), u_t \rangle dx.$$

On peut intervertir les intégrations et les produits scalaires donc :

$$\langle v, g_n \rangle = \langle u_t, \int_{\mathbb{R}^n} 1_{\Omega}(x) f(x) g_n(t+x) dx - \int 1_{\varepsilon}(x) g_n(x) f(x - t) dx \rangle$$

Mais

$$\int_{\mathbb{R}^n} 1_{\Omega}(x) f(x) g_n(x+t) dx = \int_{\mathbb{R}^n} 1_{\varepsilon}(x)\, g_n(x) f(x-t) dx$$
$$+ \int_{\mathbb{R}^n} (1_{\Omega}(x-t) - 1_{\varepsilon}(x))\, g_n(x)\, f(x-t) dx.$$

Soit $\qquad K = \sigma(u)$.

Il faut voir que

$$\int_{\mathbb{R}^n} (1_{\Omega}(x-t) - 1_{\varepsilon}(x))\, g_n(x)\, f(x - t) dx$$

tend vers o dans $\mathfrak{A}(K)$.

Si t est dans un voisinage de K et si $|x - x_o| < \varepsilon$, $x - t \in \Omega$, donc l'intégrale vaut

$$\int_{|x-x_o| > \varepsilon} 1_{\Omega}(x - t)\, g_n(x)\, f(x - t) dx$$

Supposons que $x_o = o$. On est ramené à démontrer que l'application :

$$g \longrightarrow 1'_{\varepsilon}\, g * 1_{\Omega} f \qquad \text{avec} \qquad 1'_{\varepsilon} = 1 - 1_{\varepsilon}$$

est une application linéaire continue de $\mathfrak{A}(\mathbb{R}^n - \{o\})$ dans $\mathfrak{A}(K)$ si $K \subset \Omega$, ε

est assez petit.

Soit Ω_n (resp. Ω_p) une boule ouverte centrée à l'origine de rayon assez grand (resp. assez petit).

Il suffit de démontrer que notre application envoie $\mathfrak{A}(\overline{\Omega}_n - \Omega_p)$ dans $\mathfrak{A}(K)$, la continuité résultant alors du théorème du graphe fermé. On est donc ramené à démontrer le théorème 131 en supposant que T et u sont des distributions . Soit $\mathcal{E}^*$ une classe non quasi-analytique (par exemple $\mathcal{E}^* = \mathcal{E}(M_p)$ pour une suite non quasi-analytique cf (31, 33)).

Comme il y a des partitions de l'unité dans $\mathcal{E}^*$ il est immédiat que, T et u étant des distributions

$$\mathcal{E}^* - \sigma(T * u) \subset \mathcal{E}^* - \sigma(T) + \mathcal{E}^* - \sigma(u) .$$

Soit $F = \mathfrak{A} - \sigma(T) + \mathfrak{A} - \sigma(u)$

$$(T * u)\Big|_{\mathbb{R}^n - F} \in \mathcal{E}^*(\mathbb{R}^n - F)$$

et le théorème résulte alors du fait (2, 7) que si Ω est un ouvert de $\mathbb{R}^n$ on a :

$$\mathfrak{A}(\Omega) = \cap \mathcal{E}^* (\Omega)$$

l'intersection étant prise sur toutes les classes non quasi-analytiques.

c) Produit tensoriel d'hyperfonctions.

Soit K et K' des compacts de $\mathbb{R}^n$ et $\mathbb{R}^{n'}$, $u \in \mathfrak{A}'(K)$, $u' \in \mathfrak{A}'(K')$.

On définit

$$u \otimes u' \in \mathfrak{A}'(K \times K')$$

en posant si $f \in \mathfrak{A}(K \times K')$

$$\langle u \otimes u' , f \rangle = \langle u_x \langle u'_{x'}, f(x, x') \rangle\rangle$$

On a

$$\sigma(u \otimes u') \subset \sigma(u) \times \sigma(u')$$

Soit alors $T \in B(\Omega)$, $T' \in B(\Omega')$ où Ω et Ω' sont des ouverts de $\mathbb{R}^n$ et $\mathbb{R}^{n'}$.

Soit $\quad \Omega = \bigcup_{p \in \mathbb{N}} \Omega_p \qquad \Omega' = \bigcup_{p \in \mathbb{N}} \Omega'_p$

avec $\quad \Omega_p \subset\subset \Omega_{p+1} \qquad \Omega'_p \subset\subset \Omega'_{p+1}$

$$T_p \in \mathcal{A}'(\bar{\Omega}_p) \qquad T_p \big| \Omega_p = T \big| \Omega_p$$

$$T'_p \in \mathcal{A}'(\bar{\Omega}'_p) \qquad T'_p \big| \Omega'_p = T' \big| \Omega'_p$$

On a

$$(T_{p+q} \otimes T'_{p+q}) \Big| \Omega_p \times \Omega'_p = (T_p \otimes T'_p) \Big| \Omega_p \times \Omega'_p$$

et la suite des

$$(T_p \otimes T'_p) \Big| \Omega_p \times \Omega'_p$$

définira une hyperfonction sur $\Omega \times \Omega'$ qui sera $T \otimes T'$.

On vérifiera que ce produit a les propriétés du produit tensoriel des distributions et le prolonge.

d) <u>Image d'une hyperfonction par un isomorphisme analytique.</u>

Soit Ω_1 et Ω_2 des ouverts de $\mathbb{R}^n$ et ψ un difféomorphisme analytique de Ω_1 sur Ω_2

$$\psi : \Omega_1 \longrightarrow \Omega_2$$

Si $u \in \mathcal{A}'(\Omega_2)$ on définit

$$u \circ \psi \in \mathcal{A}'(\Omega_1)$$

par

$$\langle u \circ \psi , f \rangle = \langle u, (f \circ \psi^{-1}) |\mathcal{J}| \rangle \quad f \in \mathcal{A}(\Omega_1)$$

où $|\mathcal{J}|$ est le déterminant jacobien de l'application ψ^{-1}.

L'application ainsi définie

$$\psi^* : \mathfrak{A}'(\Omega_2) \longrightarrow \mathfrak{A}'(\Omega_1)$$

est linéaire et vérifie

$$\sigma(\psi^* u) = \psi^{-1} \sigma(u) \qquad u \in \mathfrak{A}'(\Omega_2)$$

donc ψ^* se prolonge en un morphisme de faisceaux :

$$\psi^* : B|\Omega_2 \longrightarrow B|\Omega_1$$

Cela permet de définir le faisceau B des hyperfonctions sur une variété analytique réelle M (cf. la définition des distributions sur une variété C^∞(18)).

Une autre manière de procéder est de définir les fonctionnelles analytiques sur M en mettant pour tout compact K une topologie sur $\mathfrak{A}(K)$ et de reprendre la construction du § 2 . Si M est dénombrable à l'infini on obtiendra un théorème analogue au théorème 321 (27).

§ 4 - Régularité elliptique et résolution du faisceau des fonctions holomorphes.

a) Régularité elliptique.

THÉORÈME 141.

Soit P un opérateur différentiel elliptique à coefficients constants. Soit Ω un ouvert de $\mathbb{R}^n$ et $u \in B(\Omega)$ solution de l'équation

$$P\, u = o$$

Alors $u \in \mathfrak{A}(\Omega)$.

Démonstration.

On peut supposer que Ω est un ouvert borné.

Soit $\overline{u} \in \mathcal{A}'(\overline{\Omega})$ un prolongement de u

$$P\overline{u} = v \in \mathcal{A}'(\partial\Omega)$$

Soit E une solution élémentaire de P. E est analytique dans $\mathbb{R}^n - \{o\}$ et donc d'après le théorème 131

$$\overline{u} = E * P\overline{u} = E * v$$

est analytique dans le complémentaire de $\partial\Omega$.

b) Résolution de $\mathcal{O}$.

Soit Ω un ouvert de $\mathbb{C}^n$ identifié à $\mathbb{R}^{2n}$. Soit F l'un des faisceaux $\mathcal{A}$, $\mathcal{E}$, $\mathcal{D}'$, B.

Une forme différentielle à coefficients dans $F(\Omega)$ est du type (p, q) si on peut l'écrire :

$$f = \sum_{|I| = p} \sum_{|J| = q} f_{I,J} \, dz_I \wedge d\overline{z}_J$$

où $I = (i_1, \dots. i_p)$ $J = (j_1 \dots. j_q)$

$$dz_I = dz_{i_1} \wedge \dots. \wedge dz_{i_p}$$

$$d\overline{z}_J = d\overline{z}_{j_1} \wedge \dots \wedge d\overline{z}_{j_q}$$

$$f_{I,J} \in F(\Omega) .$$

On définit alors le faisceau $F^{p,q}$ des formes différentielles de type (p, q) à coefficients dans F et ∂ et $\overline{\partial}$ seront les morphismes de faisceaux :

$$\partial \quad F^{p,q} \longrightarrow F^{p+1,q}$$

$$\overline{\partial} \quad F^{p,q} \longrightarrow F^{p,q+1}$$

$$\partial f = \sum_{i=1}^{n} \sum_{|I|=p} \sum_{|J|=q} \frac{\partial}{\partial z_i} f_{I,J}\, dz_i \wedge dz_I \wedge d\bar{z}_J$$

$$\bar{\partial} f = \sum_{i=1}^{n} \sum_{|I|=p} \sum_{|J|=q} \frac{\partial}{\partial \bar{z}_i} f_{I,J}\, d\bar{z}_i \wedge dz_I \wedge d\bar{z}_J$$

On définit de même le faisceau $\mathcal{O}^p$ des formes différentielles de type (p, o) à coefficients dans $\mathcal{O}$. On a alors un complexe de faisceaux :

$$0 \longrightarrow \mathcal{O}^p \longrightarrow F^{p,o} \xrightarrow[\bar{\partial}]{} F^{p,1} \xrightarrow[\bar{\partial}]{} \cdots \longrightarrow F^{p,n} \longrightarrow 0$$

car $\bar{\partial} \circ \bar{\partial} = o$ et si $f \in F^{p,o}(\Omega)$ a des coefficients holomorphes $\bar{\partial} f = o$.

Si F est l'un des faisceaux $\mathcal{E}$ ou $\mathcal{D}'$ il est bien connu (19) que ce complexe est une suite exacte de faisceaux, donc une résolution de $\mathcal{O}^p$. Si $F = \mathcal{E}$, c'est la résolution de DOLBEAULT-GROTHENDIECK.

Si $F = \mathfrak{A}$ le complexe sera encore une résolution de $\mathcal{O}$: pour le voir on peut reprendre la démonstration de (19) (ou encore appliquer le théorème de MALGRANGE-EHRENPREIS sur la résolution des systèmes différentiels).

THÉORÈME 142.

La suite

$$0 \longrightarrow \mathcal{O}^p \longrightarrow B^{p,o} \xrightarrow[\bar{\partial}]{} B^{p,1} \xrightarrow[\bar{\partial}]{} \cdots\cdots \longrightarrow B^{p,n} \longrightarrow 0$$

est une suite exacte de faisceaux.

Démonstration.

Soit $u \in B^{p,o}(\Omega)$ vérifiant

$$\bar{\partial} u = 0$$

si $u = \sum_{|I|=p} u_I \, dz_I$,

$\bar{\partial} u = o$ implique

$$\frac{\partial}{\partial \bar{z}_i} u_I = o \qquad \forall i = 1 \ldots\ldots n$$

d'où $\displaystyle\sum_{i=1}^{n} \frac{\partial}{\partial z_i} \frac{\partial}{\partial \bar{z}_i} u_I = o$

et comme l'opérateur (sur $\mathbb{R}^{2n}$)

$$\sum_{1}^{n} \frac{\partial}{\partial z_i} \frac{\partial}{\partial \bar{z}_i}$$

est elliptique, il résulte du théorème 141 que les u_I sont analytiques sur $\mathbb{R}^{2n}$, et donc holomorphes.

Soit maintenant K un compact de $\mathbb{R}^l$ ou si $l = o$, $K = \emptyset$.

Soit ω et Ω des polydisques bornés de $\mathbb{C}^m$ et $\mathbb{C}^n$

$$\omega = \omega_1 \times \dots \times \omega_m$$
$$\Omega = \Omega_1 \times \dots \times \Omega_n$$

On se placera dans l'espace $\mathbb{R}^l \times \mathbb{C}^m \times \mathbb{C}^n$, mais les différentielles $\bar{\partial}$ et les dérivations $\frac{\partial}{\partial \bar{z}_i}$ (i = 1 ... n) seront celles de l'espace $\mathbb{C}^n$.

Considérons les deux énoncés :

E_n

La suite

$$B^{p,o}_{K\times\omega\times\Omega}(\mathbb{R}^l \times \omega \times \Omega) \xrightarrow[\bar{\partial}]{} B^{p,1}_{\;—}(\;—\;)$$

$$\longrightarrow \quad \dots \quad \longrightarrow B^{p,n}_{K\times\omega\times\Omega}(\mathbb{R}^l \times \omega \times \Omega) \longrightarrow o$$

est exacte

E'_n

Soit $u \in B_{K\times\omega\times\Omega}(\mathbb{R}^l \times \omega \times \Omega)$ vérifiant

$$\frac{\partial}{\partial \bar{z}_i} u = o \quad i = 2, 3 \dots n .$$

Il existe $v \in B_{K\times\omega\times\Omega}(\mathbb{R}^l \times \omega \times \Omega)$

tel que : $\frac{\partial}{\partial \bar{z}_i} v = o \quad i = 2, 3, \dots n$

$$\frac{\partial}{\partial \bar{z}_1} v = u$$

Pour démontrer le théorème il suffit de démontrer :

a) E'_1 est vrai

b) Si E'_m est vrai $\forall m \leqslant n$ alors E_n est vrai

c) E_n entraîne E'_{n+1}

(dans b) et c) les indices l et m dans E_n et E'_n ne sont pas nécessairement les mêmes).

a) Soit $\bar{u}$ un prolongement de u à

$$\mathcal{O}\!\iota'(K \times \bar{\omega} \times \bar{\Omega}) \qquad \text{et soit :}$$

$$E = \delta_l \otimes \delta'_m \otimes \frac{1}{\pi z_1}$$

(où δ_l est la masse de DIRAC à l'origine dans $\mathbb{R}^l$ et δ'_m dans $\mathbb{C}^m$).

Posons

$$\bar{v} = E * \bar{u}$$

$$\bar{v} \in B_{K \times \bar{\omega} \times \mathbb{C}}(\mathbb{R}^l \times \mathbb{C}^m \times \mathbb{C})$$

et $v = \bar{v} \,\big|\, \mathbb{R}^l \times \omega \times \Omega$ répondra à la question.

b) On va raisonner comme dans (19, p. 32).

Raisonnons par récurrence en supposant que T ne comporte pas de termes en $d\bar{z}_{k+1}, \ldots, d\bar{z}_n$

Pour k = o , il est trivial que

$$T = \bar{\partial} u \qquad u \in B^{p,q}_{K \times \omega \times \Omega}(\mathbb{R}^l \times \omega \times \Omega)$$

car cela entraîne, T étant de degré > 0 en $d\bar{z}$ que T = 0. Pour k = n, c'est le théorème.

Ecrivons alors :

$$T = d\bar{z}_k \wedge g + h$$

$g \in B^{p,q}_{K\times\omega\times\Omega}(\mathbb{R}^1 \times \omega \times \Omega)$, $h \in B^{p,q+1}_{K\times\omega\times\Omega}(\mathbb{R}^1 \times \omega \times \Omega)$

g et h ne comportant pas de termes en $d\bar{z}_{k+1}, \ldots, d\bar{z}_n$.

Soit

$$g = \sum_{|I| = p}{}' \sum_{|J| = q}{}' g_{I,J} \; dz_I \wedge d\bar{z}_J$$

où $\sum'$ signifie que les sommes sont prises sur les multi-indices croissants.

L'hypothèse $\bar{\partial}\, T = 0$ entraîne :

$$\frac{\partial}{\partial \bar{z}_j} \; g_{I,J} = 0 \qquad j > k$$

Soit $G_{I,J} \in B_{K\times\omega\times\Omega}(\mathbb{R}^1 \times \omega \times \Omega)$ tels que :

$$\frac{\partial}{\partial \bar{z}_k} \; G_{I,J} = g_{I,J}$$

$$\frac{\partial}{\partial \bar{z}_j} \; G_{I,J} = 0 \qquad j = k+1, \ldots, n$$

De tels $G_{I,J}$ existent d'après l'hypothèse E'_{n-k} et soit

$$G = \sum_{|I| = p}{}' \sum_{|J| = q}{}' G_{I,J} \qquad dz_I \wedge d\bar{z}_J$$

$$\bar{\partial}\, G = d\bar{z}_k \wedge g + h_1$$

où h_1 ne comporte pas de termes en $d\bar{z}_k, \ldots, d\bar{z}_n$

$$h - h_1 = T - \bar{\partial}\, G$$

donc

$$\bar{\partial}\, (h - h_1) = \bar{\partial} T = 0 .$$

D'après l'hypothèse de récurrence

$$h - h_1 = \bar{\partial} v$$

et

$$T = \bar{\partial}(v + G)$$

avec $v + G \in B_{K \times \omega \times \Omega}(\mathbb{R}^1 \times \omega \times \Omega)$.

c) Soit $u \in B_{K \times \omega \times \Omega}(\mathbb{R}^1 \times \omega \times \Omega)$ vérifiant les hypothèses de E'_{n+1}.

Ecrivons

$$\Omega = \Omega_1 \times \Omega'.$$

Soit $\bar{u}_1$ un prolongement de u à

$$B_{K \times \omega \times \bar{\Omega}_1 \times \Omega'}(\mathbb{R}^1 \times \omega \times \mathbb{C} \times \Omega')$$

Soit $\bar{\partial} = \sum_{i=2}^{n+1} \frac{\partial}{\partial \bar{z}_i} d\bar{z}_i$

$$\bar{\partial}\bar{u}_1 \in B^{(o,1)}_{K \times \omega \times \partial\Omega_1 \times \Omega'}(\mathbb{R}^1 \times \omega \times \mathbb{C} \times \Omega')$$

puisque $\frac{\partial}{\partial \bar{z}_i}$ $u = o$ $i = 2 \ \ldots\ldots \ n+1$

De plus $\bar{\partial}$ $\bar{\partial} u_1 = 0$ donc d'après l'hypothèse E_n il existe

$$v' \in B^{(o,1)}_{K \times \omega \times \partial\Omega_1 \times \Omega'}(\mathbb{R}^1 \times \omega \times \mathbb{C} \times \Omega')$$

solution de

$$\bar{\partial} v' = \bar{\partial}\bar{u}_1$$

Posons

$$\bar{u}_2 = \bar{u}_1 - v'$$

$$\bar{u}_2 \in B_{K \times \omega \times \bar{\Omega}_1 \times \Omega'}(\mathbb{R}^1 \times \omega \times \mathbb{C} \times \Omega')$$

et $\frac{\partial}{\partial \bar{z}_i}$ $\bar{u}_2 = o$ $i = 2 \ \ldots\ldots \ n+1$.

Soit $\bar{u}$ un prolongement de $\bar{u}_2$ à $\mathcal{O}\mathcal{C}'(K \times \bar{\omega} \times \bar{\Omega})$.

Soit $E = \delta_1 \otimes \delta'_m \otimes \frac{1}{\pi z_1} \otimes \delta'_n$

où $\delta_1, \delta'_m, \delta'_n$ sont les masses de DIRAC à l'origine dans $\mathbb{R}^1$, $\mathbb{C}^m$, $\mathbb{C}^n$.

Soit $v = E * \bar{u} \mid \mathbb{R}^1 \times \omega \times \Omega$

$$v \in B_{K \times \omega \times \Omega} (\mathbb{R}^1 \times \omega \times \Omega)$$

$$\frac{\partial}{\partial \bar{z}_1} v = u$$

et

$$\frac{\partial}{\partial \bar{z}_i} v = o \quad i = 2 \ldots\ldots n+1$$

car si $i = 2, \ldots, n+1$

$$\sigma(E * \frac{\partial}{\partial \bar{z}_i} \bar{u}) \subset \{o\} \times \{o\} \times \mathbb{C} \times \{o\} + [K \times \bar{\omega} \times \bar{\Omega}_1 \times \bar{\Omega}' - K \times \omega \times \bar{\Omega}_1 \times \Omega']$$

et cet ensemble ne rencontre pas $K \times \omega \times \bar{\Omega}_1 \times \Omega'$.

COMMENTAIRES

La construction du faisceau B et les résultats des paragraphes 1 et 2 sont dûs à MARTINEAU (27).

Les théorèmes 141 et 142 seront généralisés aux chapitres 2 et 3. Cf. les "commentaires" de ces chapitres.

Le théorème 142 sera utilisé au chapitre IV pour démontrer le théorème de SATO.

CHAPITRE II

OPÉRATEURS ELLIPTIQUES

Dans ce chapitre P désignera un opérateur elliptique d'ordre $m > o$ à coefficients analytiques. Pour les propriétés de tels opérateurs cf. le chapitre A, § 2a.

§ 1. - Dualité.

Dans ce paragraphe nous supposons P elliptique dans un ouvert Ω de $\mathbb{R}^n$. Désignons par $\mathfrak{A}_p(\omega)$ (resp. $\mathcal{E}_p(\omega)$) l'espace des solutions analytiques de l'équation Pu = o muni de la topologie induite par $\mathfrak{A}(\omega)$ (resp. $\mathcal{E}(\omega)$), ω étant un ouvert de Ω.

L'isomorphisme vectoriel

$$\mathfrak{A}_p(\omega) \longrightarrow \mathcal{E}_p(\omega)$$

est continu. Comme $\mathcal{E}_p(\omega)$ est un espace de FRÉCHET, c'est un isomorphisme vectoriel topologique d'après le théorème A.12 car $\mathfrak{A}_p(\omega)$ est limite projective dénombrable d'espaces du type DF (on pourrait, par un argument un peu plus compliqué n'utiliser que le théorème du graphe fermé "classique").

Si K est un compact de Ω, munissons

$$\mathfrak{A}_p(K) = \varinjlim_{\omega \supset K} \mathfrak{A}_p\,(\omega)$$

de la topologie induite par $\mathfrak{A}$ (K).

L'application

$$\varinjlim_{\omega \supset K} \mathcal{E}_P(\omega) \longrightarrow \mathfrak{A}_P(K)$$

sera encore un isomorphisme topologique car elle est continue d'après ce que l'on vient de voir et $\mathfrak{A}_P(K)$ étant du type D F S est ultrabornologique.

On va alors définir une application linéaire

$$b : \mathfrak{A}_P(\Omega - K) \longrightarrow (\mathfrak{A}_{t_P}(K))'$$

Soit $f \in \mathfrak{A}_P(\Omega - K)$, $\bar{f} \in B(\Omega)$ un prolongement de f

$$P\bar{f} \in \mathfrak{A}'(K)$$

et la classe de $P\bar{f}$ modulo $P\mathfrak{A}'(K)$ ne dépend pas du prolongement choisi. C'est un élément de

$$\frac{\mathfrak{A}'(K)}{P\mathfrak{A}'(K)}$$

et comme ${}^{\epsilon}P\,\mathfrak{A}(K) = \mathfrak{A}(K)$, $P\mathfrak{A}'(K)$ est fermé dans $\mathfrak{A}'(K)$ et on a :

$$\frac{\mathfrak{A}'(K)}{P\mathfrak{A}'(K)} = (\mathfrak{A}_{t_P}(K))' .$$

On pose

$$b(f) = \text{classe de } P\bar{f} .$$

Soit $g \in \mathfrak{A}_{t_P}(K)$. Il existe un ouvert $\omega \supset K$ tel que $g \in \mathfrak{A}_{t_P}(\omega)$.

Soit $\varphi \in \mathcal{D}(\omega)$, $\varphi = 1$ au voisinage de K. Soit $f \in \mathfrak{A}_P(\Omega - K)$ et $\bar{f} \in B(\Omega)$ un prolongement de f.

On a :

$$(1 - \varphi)f - \bar{f} \in \mathfrak{A}'(\omega)$$

donc

$$\langle P(1 - \varphi)f, g \rangle = \langle P\bar{f}, g \rangle .$$

Cela montre que l'application b est continue quand $\mathfrak{A}_p(\Omega - K)$ et $\mathfrak{A}_{t_p}(K)'$ sont munis de leurs topologies d'espaces de FRÉCHET.

Remarquons que si $f \in \mathfrak{A}_p(\Omega)$, $b(f) = 0$.

THÉORÈME 211.

L'application b

$$\frac{\mathfrak{A}_p(\Omega - K)}{\mathfrak{A}_p(\Omega)} \longrightarrow (\mathfrak{A}_{t_p}(K))'$$

est un isomorphisme (vectoriel topologique).

Démonstration.

1) b est injective :

Soit $\varphi \in \mathcal{D}(\Omega)$, $\varphi = 1$ au voisinage de K et supposons $P(1 - \varphi)f$ orthogonal à $\mathfrak{A}_{t_p}(\Omega)$.

Comme $\mathfrak{A}_{t_p}(\Omega) = \mathcal{E}_{t_p}(\Omega)$ et comme ${}^tP\,\mathcal{E}(\Omega) = \mathcal{E}(\Omega)$, $P\,\mathcal{E}'(\Omega)$ est fermé dans $\mathcal{E}'(\Omega)$ et donc

$$P((1 - \varphi)f) = Pv \qquad v \in \mathcal{E}'(\Omega).$$

Par suite

$$(1 - \varphi)f - v \in \mathfrak{A}(\Omega)$$

$(1 - \varphi)f - v$ coincide avec f dans le complémentaire dans Ω de tout voisinage de K , donc dans $\Omega - K$.

2) b est surjective :

On a vu que

$$\mathcal{O}\!\mathcal{C}_{\epsilon_p}(K) = \varinjlim_{\omega \supset K} \mathcal{E}_{t_p}(\omega)$$

Soit $u \in (\mathcal{O}\!\mathcal{C}_{t_p}(K))'$ et $u_\omega \in \mathcal{E}'(\omega)$ (qui existe d'après le théorème de HAHN-BANACH) tel que :

$$\forall g \in \mathcal{O}\!\mathcal{C}_{t_p}(\omega),$$

$$\langle u , g \rangle = \langle u_\omega , g \rangle .$$

Soit $f_\omega \in \mathcal{D}'(\Omega)$ solution de

$$Pf_\omega = u_\omega$$

La restriction de f_ω au voisinage de $\partial\Omega$ se prolonge en une fonction $f \in \mathcal{O}\!\mathcal{C}_p(\Omega - K)$. En effet

$$f \in \mathcal{O}\!\mathcal{C}_p(\Omega - \omega)$$

et soit $K \subset \omega' \subset \omega$, $f_{\omega'} \in \mathcal{O}\!\mathcal{C}_p(\Omega - \omega')$ solution de

$$Pf_{\omega'} = u_{\omega'}$$

où $u_{\omega'}$ est un représentant de u .

Comme $P(f_\omega - f_{\omega'})$ est orthogonal à $\mathcal{E}_{t_p}(\omega)$ on a

$$P(f_\omega - f_{\omega'}) = Pv \quad v \in \mathcal{E}'(\omega)$$

Donc

$$f_\omega - f_{\omega'} = v + h \quad h \in \mathcal{O}\!\mathcal{C}(\Omega)$$

et la restriction de f_ω à $\partial\Omega$ se prolonge à $\Omega - \bar{\omega}'$, ceci $\forall \omega' \supset K$, donc à $\Omega - K$. Soit f ce prolongement. On a

$$b(f) = u$$

car si $g \in \mathcal{O}_{t_P}(\omega)$,

$$\langle P(\overline{f} - f_\omega) \ , g \rangle = 0$$

puisque

$$\overline{f} - f_\omega \in \mathcal{O}'(\omega) .$$

3) L'isomorphisme est vectoriel topologique d'après le théorème du graphe fermé.

§ 2. - Valeurs au bord des solutions de l'équation homogène.

On suppose maintenant P elliptique dans un ouvert $\tilde{\Omega}$ de $\mathbb{R}^{n+1}$ et soit :

$$\Omega = \tilde{\Omega} \cap \mathbb{R}^n \times \{0\}$$

Désignons par (x, t) les coordonnées dans $\mathbb{R}^{n+1}$ et par $\mathcal{O}$ et B (resp. ${}_n\mathcal{O}$, ${}_nB$) les faisceaux de fonctions analytiques et d'hyperfonctions dans $\mathbb{R}^{n+1}$ (resp. $\mathbb{R}^n$).

LEMME 221.

On a un isomorphisme

$$B_\Omega(\tilde{\Omega}) = PB_\Omega(\tilde{\Omega}) \oplus \sum_{j=0}^{m-1} {}_nB(\Omega) \otimes \delta_t^j$$

(i, e : $\forall u \in B_\Omega(\tilde{\Omega})$, u s'écrit de manière unique

$$u = Pv + \sum_{j=0}^{m-1} v_j \otimes \delta_t^j$$

avec $v \in B_\Omega(\tilde{\Omega})$, $v_j \in {}_nB(\Omega)$).

Démonstration.

Soit B_Ω le faisceau sur Ω:

$$\omega \longrightarrow B_\omega(\tilde{\omega})$$

où $\tilde{\omega}$ est un ouvert de $\tilde{\Omega}$ qui rencontre Ω suivant ω.

B_Ω est un faisceau flasque.

Pour voir que le morphisme de faisceaux flasques sur Ω :

$$B_\Omega \times {}_nB^m \longrightarrow B_\Omega$$

$$(v, (v_j)_{j=o}^{m-1}) \longrightarrow Pv + \sum_{j=o}^{m-1} v_j \otimes \delta_t^j$$

est un isomorphisme il suffit de voir que pour tout compact K ce morphisme induit un isomorphisme :

$$\mathfrak{A}'(K) \times ({}_n\mathfrak{A}(K)')^m \longrightarrow \mathfrak{A}'(K)$$

(car si F est un faisceau flasque sur $\mathbb{R}^n$ et Ω un ouvert borné de $\mathbb{R}^n$

$$F(\Omega) = \frac{\Gamma_{\bar{\Omega}}(F)}{\Gamma_{\partial\Omega}(F)}).$$

mais c'est alors l'application transposée de l'application :

$$\mathfrak{A}(K) \longrightarrow \mathfrak{A}(K) \times {}_n\mathfrak{A}(K)^m$$

$$f \longrightarrow {}^tPf , \left(\frac{\partial^j}{\partial t^j} f\right)\Big|_{t=o} \qquad j = o, \ldots, m-1$$

qui est un isomorphisme d'après le théorème de CAUCHY-KOWALEWSKI.

LEMME 222.,

Soient $\tilde{\omega}_1$ et $\tilde{\omega}_2$ deux ouverts de $\tilde{\Omega}$ avec

$$\tilde{\omega}_1 \cap \Omega = \tilde{\omega}_2 \cap \Omega = \omega$$

Alors les espaces

$$\frac{\mathfrak{A}_p(\tilde{\omega}_1 - \omega)}{\mathfrak{A}_p(\tilde{\omega}_1)} \quad \text{et} \quad \frac{\mathfrak{A}_p(\tilde{\omega}_2 - \omega)}{\mathfrak{A}_p(\tilde{\omega}_2)}$$

sont isomorphes.

Démonstration.

En considérant l'ouvert $\tilde{\omega}_1 \cap \tilde{\omega}_2$, on est ramené au cas $\tilde{\omega}_1 \subset \tilde{\omega}_2$

$$\tilde{\omega}_1 - \omega = (\tilde{\omega}_2 - \omega) \cap \tilde{\omega}_1$$

Il résulte alors du théorème A 23 que l'application

$$\alpha_p(\tilde{\omega}_2 - \omega) \longrightarrow \frac{\alpha_p(\tilde{\omega}_1 - \omega)}{\alpha_p(\tilde{\omega}_1)}$$

est surjective.

Désignons par

$$H^1_\omega(\tilde{\Omega}, \alpha_p)$$

la classe d'isomorphie de $\dfrac{\alpha_p(\tilde{\omega} - \omega)}{\alpha_p(\tilde{\omega})}$

Si $\omega' \subset \omega$ et si $\tilde{\omega}'$, $\tilde{\omega}$ sont deux ouverts de $\tilde{\Omega}$ avec :

$$\tilde{\omega}' \cap \Omega = \omega', \quad \tilde{\omega} \cap \Omega = \omega \qquad \tilde{\omega}' \subset \tilde{\omega}$$

l'application de restriction :

$$\alpha_p(\tilde{\omega} - \omega) \longrightarrow \alpha_p(\tilde{\omega}' - \omega')$$

induit une application

$$H^1_\omega(\tilde{\Omega}, \alpha_p) \longrightarrow H^1_{\omega'}(\tilde{\Omega}, \alpha_p)$$

et il est clair que l'on définit ainsi une structure de préfaisceau sur la famille des $H^1_\omega(\tilde{\Omega}, \alpha_p)$.

Désignons par $H^1_\Omega(\alpha_p)$ ce préfaisceau sur Ω.

LEMME 223.

Le préfaisceau $H^1_\Omega(\alpha_p)$ est un faisceau.

Démonstration.

Si $f \in \mathfrak{A}_p(\tilde{\omega}-\omega)$ désignons par $\lambda(f)$ son image dans $H^1_\omega(\tilde{\Omega}, \mathfrak{A}_p)$.

Soit $\Omega = \bigcup_{i \in I} \Omega_i$ et soient $\tilde{\Omega}_i$ des ouverts de $\tilde{\Omega}$ avec

$$\tilde{\Omega}_i \cap \Omega = \Omega_i$$

1) Soit $f \in \mathfrak{A}_p(\tilde{\Omega}-\Omega)$ tel que

$$\lambda(f) \Big| \Omega_i = 0$$

Cela veut dire que

$$f \Big| \tilde{\Omega}_i - \Omega_i \in \mathfrak{A}_p(\tilde{\Omega}_i)$$

et cela implique que

$$f \in \mathfrak{A}_p(\bigcup_{i \in I} \tilde{\Omega}_i)$$

donc que

$$\lambda(f) = 0 .$$

2) Supposons pour simplifier les notations que $\bigcup_{i \in I} \tilde{\Omega}_i = \tilde{\Omega}$.

Soit $T_i \in H^1_{\Omega_i}(\tilde{\Omega}, \mathfrak{A}_p)$ avec $T_i\Big|\Omega_i \cap \Omega_j = T_j\Big|\Omega_i \cap \Omega_j$.

Soit $f_i \in \mathfrak{A}_p(\tilde{\Omega}_i - \Omega_i)$

$$\lambda(f_i) = T_i$$

$$f_i - f_j \in \mathfrak{A}_p(\tilde{\Omega}_i \cap \tilde{\Omega}_j)$$

Soit $g_{i,j} = f_i - f_j$.

Les $g_{i,j}$ vérifient les hypothèses du théorème A 23 donc

$$\exists g_i \in \mathfrak{A}_p(\tilde{\Omega}_i)$$

$$g_{i,j} = g_i - g_j .$$

Soit $f'_i = f_i - g_i$

$$\lambda(f'_i) = \lambda(f_i) = T_i$$

et

$$f'_i \Big| (\tilde{\Omega}_i \cap \tilde{\Omega}_j - \Omega_i \cap \Omega_j) = f'_j \Big| (\tilde{\Omega}_i \cap \tilde{\Omega}_j - \Omega_i \cap \Omega_j)$$

donc il existe $f \in \mathcal{O}\!\mathcal{C}_P(\tilde{\Omega}-\Omega)$ telle que

$$f \Big| \tilde{\Omega}_i - \Omega_i = f'_i$$

et si $\lambda(f) = T$ on a $T \Big| \Omega_i = T_i$.

<u>LEMME 224.</u>

<u>Le faisceau</u> $H^1_{\Omega}(\mathcal{O}\!\mathcal{C}_P)$ <u>est flasque.</u>

<u>Démonstration.</u>

Soit $\omega \subset \Omega$, $\tilde{\omega}$ un ouvert de $\tilde{\Omega}$ avec $\tilde{\omega} \cap \Omega = \omega$.

Soit $f \in \mathcal{O}\!\mathcal{C}_P(\tilde{\omega} - \omega)$.

Comme $\tilde{\omega} - \omega = (\tilde{\Omega}-\Omega) \cap \omega$, il résulte du théorème A 23 qu'il existe $g \in \mathcal{O}\!\mathcal{C}_P(\tilde{\Omega}-\Omega)$ avec

$$f = g + h \qquad h \in \mathcal{O}\!\mathcal{C}_P(\tilde{\omega})$$

Si $\lambda(g) = S$, $\lambda(f) = T$, $S \in H^1_{\Omega}(\tilde{\Omega}, \mathcal{O}\!\mathcal{C}_P)$ sera un prolongement de T.

<u>Remarque.</u>

Il est bien évident que les lemmes 222, 223, 224 pourraient se démontrer beaucoup plus rapidement en utilisant les résultats du chapitre B.

Soit maintenant $f \in \mathcal{O}\!\mathcal{C}_P(\tilde{\Omega}-\Omega)$ et $\overline{f} \in B(\tilde{\Omega})$ un prolongement de f.

$$P\overline{f} \in B_{\Omega}(\tilde{\Omega})$$

donc d'après le lemme 211 :

$$P\tilde{f} = Pv + \sum_{j=o}^{m-1} v_j \otimes \delta_t^j$$

et les $v_j \in {}_n B(\Omega)$ ne dépendent que de f et pas du prolongement choisi .

On pose :

$$\gamma(f) = (v_o, \dots v_{m-1})$$

THÉORÈME 221.

L'application γ:

$$\frac{\mathcal{O}_P(\tilde{\Omega} - \Omega)}{\mathcal{O}_P(\tilde{\Omega})} \longrightarrow ({}_n B(\Omega))^m$$

est un isomorphisme.

Démonstration.

Comme les faisceaux $H^1_\Omega(\mathcal{O}_P)$ et ${}_n B^m$ sur Ω sont flasques, il suffit de démontrer que pour tout compact K de Ω l'application γ induit un isomorphisme :

$$\frac{\mathcal{O}_P(\tilde{\Omega} - K)}{\mathcal{O}_P(\tilde{\Omega})} \longrightarrow ({}_n \mathcal{O}'(K))^m$$

mais alors γ est composé de l'isomorphisme b du théorème 211 et des isomorphismes :

$$(\mathcal{O}_{{}^t P}(K))' \simeq \frac{\mathcal{O}'(K)}{P\,\mathcal{O}'(K)} \simeq ({}_n \mathcal{O}'(K))^m$$

THÉORÈME 222.

1) Si $f \in \mathcal{O}_P(\tilde{\Omega} - \Omega)$ et si les restrictions de f aux composantes connexes de $\tilde{\Omega} - \Omega$ se prolongent analytiquement à travers Ω alors $\gamma(f) \in ({}_n \mathcal{O}(\Omega))^m$.

2) Si $\tilde{\Omega} \subset \Omega \times \mathbb{R}$ et si Q est un opérateur différentiel sur Ω à coefficients analytiques qui commute avec P alors

$$\gamma(Qf) = Q\gamma(f)$$

Démonstration.

1) résulte de la formule de "dérivation d'une fonction discontinue sur uen hypersurface" de (37).

2) Si $\bar{f} \in B(\tilde{\Omega})$ est un prolongement de $f \in \mathcal{O}\!\mathcal{C}_P(\tilde{\Omega}-\Omega)$, $Q\bar{f}$ est un prolongement de Qf et

$$P\,Q\,\bar{f} = Q\,P\,\bar{f} = Q\,P\,v + \sum_{j=0}^{m-1} Qv_j \otimes \delta_t^j$$

Remarque.

On aurait évidemment pu dans ce paragraphe, remplacer Ω par une hypersurface analytique de $\tilde{\Omega}$.

§ 3. - Régularité.

THÉORÈME 231.

Soit Ω un ouvert de $\mathbb{R}^n$, P un opérateur différentiel elliptique à coefficients analytiques dans Ω.

Soit $u \in B(\Omega)$ solution de l'équation :

$$Pu = 0 .$$

Alors $u \in \mathcal{O}\!\mathcal{C}(\Omega)$.

Démonstration.

En remplaçant P par $\bar{P}\,P$, on peut supposer la partie principale de P à coefficients réels .

Plongeons $\mathbb{R}^n$ dans $\mathbb{R}^{n+1}$ par

$$x \longrightarrow (x, o)$$

et soit

$$\tilde{\Omega} = \Omega \times \mathbb{R}$$

Soit $\tilde{P} = P + i(\frac{\partial}{\partial t})^m$

(P étant d'ordre m). L'opérateur $\tilde{P}$ est elliptique dans $\tilde{\Omega}$.

Soit $u \in B(\Omega)$ solution de

$$Pu = 0$$

et soit $f \in \mathfrak{A}_{\mathcal{B}}(\tilde{\Omega} - \Omega)$ avec

$$\gamma(f) = (u, 0 \;\dots\; 0) .$$

Un tel f existe d'après le théorème 221 et d'après le théorème 222 on a :

$$\gamma(Pf) = 0$$

d'où $Pf \in \mathfrak{A}_{\mathcal{B}}(\tilde{\Omega})$.

D'après ce même théorème 222 il suffit alors de démontrer que les restrictions de f aux composantes connexes de $\tilde{\Omega} - \Omega$ se prolongent analytiquement à travers Ω.

Soit

$$f_i = \left(\frac{\partial^i}{\partial t^i}(Pf)\right)\Big|_{t=o} \qquad i = o \dots m-1$$

Soit $g_i \in {}_n\mathfrak{A}(\Omega)$ des solutions de

$$P\, g_i = f_i \ .$$

Soit g la solution analytique au voisinage de Ω dans $\mathbb{R}^{n+1}$ de :

$$\begin{cases} \tilde{P}\, g = 0 \\ \dfrac{\partial^i}{\partial t^i}\, g\Big|_{t=o} = g_i \qquad i = o \;\dots\dots\; m-1 \end{cases}$$

L'existence et l'unicité de g résultent du théorème de CAUCHY-KOWALEWSKI.

On a

$$Pg = Pf$$

car ces deux fonctions analytiques au voisinage de Ω sont solutions de l'équation $\tilde{P}u = o$ et ont mêmes traces sur Ω puisque :

$$\left(\frac{\partial^i}{\partial t^i}(Pg)\right)\Big|_{t=o} = P\left(\left(\frac{\partial^i}{\partial t^i} g\right)\Big|_{t=o}\right) = Pg_i = f_i = \left(\frac{\partial^i}{\partial t^i}(Pf)\right)\Big|_{t=o}.$$

On a alors

$$\tilde{P}(f - g) = 0$$

$$P(f - g) = 0$$

d'où

$$\left(\frac{\partial}{\partial t}\right)^m (f - g) = 0$$

et les restrictions de $(f - g)$ aux composantes connexes de $\tilde{\Omega} - \Omega$ sont des polynômes en t à coefficients dans ${}_n\mathfrak{A}(\Omega)$ et par suite se prolongent à travers Ω. Comme g est analytique au voisinage de Ω les restrictions de f se prolongeront à travers Ω.

§ 4. - Existence.

THÉORÈME 241.

Soit Ω un ouvert de $\mathbb{R}^n$ et P un opérateur elliptique à coefficients analytiques dans Ω.

Alors

$$PB(\Omega) = B(\Omega).$$

Démonstration.

D'après le théorème 211 l'application b

$$\mathcal{O}\!\mathcal{L}_p(\Omega - K) \longrightarrow (\mathcal{O}\!\mathcal{L}_{t_P}(K))' = \frac{\mathcal{O}\!\mathcal{L}'(K)}{P\,\mathcal{O}\!\mathcal{L}'(K)}$$

est surjective.

Donc

$\forall u \in \mathcal{O}\!\mathcal{L}'(K)$, $\exists f \in \mathcal{O}\!\mathcal{L}_p(\Omega - K)$ tel que si $\bar{f} \in B(\Omega)$ est un prolongement de f on a :

$$P\bar{f} = u + Pv \qquad\qquad v \in \mathcal{O}\!\mathcal{L}'(K)$$

Par suite

$$P(\bar{f} - v) = u$$

et donc

$$P\,B\,(\Omega) \supset \mathcal{O}\!\mathcal{L}\,'(K)$$

cela entraîne , comme le faisceau B est flasque que :

$$\forall \omega \subset\subset \Omega \ , \ P\,B(\omega) = B(\omega)\ .$$

Soit $\Omega = \bigcup_{i \in I} \Omega_i$ un recouvrement ouvert de Ω avec $\Omega_i \subset\subset \Omega$.

Soit $T \in B(\Omega)$ et $T_i \in B(\Omega_i)$

$$P\,T_i = T\,|\,\Omega_i$$

D'après le théorème 241,

$$(T_i - T_j)\ \Big|\ \Omega_i \cap \Omega_j \in \mathcal{O}\!\mathcal{L}_p(\Omega_i \cap \Omega_j)$$

et ces fonctions vérifient les hypothèses du théorèmes A 23.

Il existe donc $h_i \in \mathcal{O}\!\mathcal{L}_p(\Omega_i)$ avec : $T_i - h_i = T_j - h_j$ dans $\Omega_i \cap \Omega_j$.

Les $T_i - h_i$ définissent donc une hyperfonction $S \in B(\Omega)$ et $P\,S = T$ puisque pour tout i :

$$P\, S\big|\Omega_i = P\, T_i = T\big|\Omega_i .$$

§ 5. - Représentation des distributions dans le cas de l'opérateur $\frac{\partial}{\partial \bar{z}}$.

Dans ce paragraphe nous nous placerons dans $\mathbb{C}$ identifié à $\mathbb{R}^2$.

Soit
$$\frac{\partial}{\partial \bar{z}} = \frac{1}{2}\left[\frac{\partial}{\partial x} + i \frac{\partial}{\partial y}\right] \quad i = \sqrt{-1} .$$

Soit $\tilde{\Omega}$ un ouvert de $\mathbb{C}$, $\tilde{\Omega} \cap \mathbb{R} = \Omega$.

Nous désignons par $\mathcal{D}'_{\Omega}(\tilde{\Omega})$ l'espace des distributions de $\tilde{\Omega}$ à support dans Ω.

LEMME 251.

$$\mathcal{D}'_{\Omega}(\tilde{\Omega}) = \frac{\partial}{\partial \bar{z}}\, \mathcal{D}'_{\Omega}(\tilde{\Omega}) \oplus \mathcal{D}'(\Omega) \otimes \delta_y$$

i, e : $\forall\, T \in \mathcal{D}'_{\Omega}(\tilde{\Omega})$, T peut s'écrire de manière unique :

$$T = \frac{\partial}{\partial \bar{z}}\, u + v \otimes \delta_y$$
$$u \in \mathcal{D}'_{\Omega}(\tilde{\Omega}) , \qquad v \in \mathcal{D}'(\Omega)$$

Démonstration.

Comme

$$u \otimes \delta_y^{n} = \frac{2}{i}\left[\frac{\partial}{\partial \bar{z}}\,(u \otimes \delta_y^{(n-1)}) - \frac{1}{2}\,\frac{\partial u}{\partial x} \otimes \delta_y^{(n-1)}\right]$$

il suffit de voir que toute distribution $T \in \mathcal{D}'_{\Omega}(\tilde{\Omega})$ s'écrit de manière unique :

$$T = \sum_{n=0}^{N} u_n \otimes \delta_y^{(n)} \qquad u_n \in \mathcal{D}'(\Omega)$$

et ce résultat est bien connu (37).

Désignons alors par

$$H(\tilde{\Omega} - \Omega, \mathcal{D}')$$

l'espace des fonctions $f \in H(\tilde{\Omega} - \Omega)$ qui admettent un prolongement $\bar{f}$ dans $\mathcal{D}'(\tilde{\Omega})$.

Il résulte du lemme 251 que si $f \in H(\tilde{\Omega} - \Omega, \mathcal{D}')$, $\gamma(f)$ (défini au paragraphe 2) sera dans $\mathcal{D}'(\Omega)$.

L'application réciproque de γ est celle qui a $u \in \mathcal{D}'(\Omega)$ fait correspondre la classe de solutions dans $\dfrac{H(\tilde{\Omega} - \Omega, \mathcal{D}')}{H(\Omega)}$ de l'équation

$$\frac{\partial}{\partial \bar{z}} f = u \otimes \delta_y$$

On a donc démontré le :

<u>THÉORÈME 251.</u>

<u>L'application</u> γ <u>induit un isomorphisme</u>

$$\frac{H(\tilde{\Omega} - \Omega, \mathcal{D}')}{H(\Omega)} \longrightarrow \mathcal{D}'(\Omega)$$

Désignons maintenant par

$$H(\tilde{\Omega} - \Omega, b')$$

le sous-espace de $H(\tilde{\Omega} - \Omega)$ des fonctions f telles que :

$$\forall \varphi \in \mathcal{D}(\Omega) \text{ l'intégrale}$$

$$\int_\Omega (f(x + iy) - f(x - iy')\,\varphi(x)dx$$

a une limite $c(\varphi)$ quand y et y' tendent vers 0 par valeurs positives.

Il résulte du théorème de BANACH-STEINHAUS qu'il existera une distribution u

sur Ω telle que :

$$\forall \varphi \in \mathcal{D}(\Omega) \quad , \quad \sigma(\varphi) = \langle u, \varphi \rangle$$

On pose : $\quad b'(f) = u.$

THÉORÈME 252.

$$H(\tilde{\Omega} - \Omega, \mathcal{D}') = H(\tilde{\Omega} - \Omega, b')$$

et si $\quad f \in H(\tilde{\Omega} - \Omega, \mathcal{D}')$ on a :

$$\gamma(f) = \frac{i}{2} b'(f).$$

Démonstration.

1) Commençons par démontrer que :

$$H(\tilde{\Omega} - \Omega, \mathcal{D}') \subset H(\tilde{\Omega} - \Omega, b')$$

et que si $f \in H(\tilde{\Omega} - \Omega, \mathcal{D}')$, on a

$$\gamma(f) = \frac{i}{2} b'(f) .$$

Soit $\quad T = \gamma(f) \in \mathcal{D}'(\Omega)$.

Il suffit de voir que pour tout ouvert $\tilde{\omega} \subset\subset \tilde{\Omega}$, on a si $\omega = \tilde{\omega} \cap \Omega$:

$$f\big|_{\tilde{\omega} - \omega} \in H(\tilde{\omega} - \omega, b')$$

$$\gamma(f) = \frac{i}{2} b'(f).$$

Soit $\theta \in \mathcal{D}(\Omega)$, $\theta = 1$ au voisinage de ω.

La distribution

$$\check{T} = \frac{-1}{2i\pi} \left[(\theta T \otimes \delta_y) * \frac{1}{z} \right]$$

est holomorphe en dehors du support de θT et

$$\frac{\partial}{\partial \bar{z}} \widetilde{\theta T} = \frac{i}{2} \left[\theta T \otimes \delta_y \right]$$

Donc

$$\left(\frac{2}{i} \widetilde{\theta T} - f \right) \Big|_{\tilde{\omega} - \omega} \in H(\tilde{\omega})$$

et il suffit de vérifier que :

si $T \in \mathcal{E}'(\Omega)$ et si l'on pose

$$\tilde{T} = \frac{-1}{2i\pi} (T \otimes \delta_y) * \frac{1}{z}$$

alors $\tilde{T} \Big|_{\tilde{\Omega} - \Omega} \in H(\tilde{\Omega} - \Omega, b')$

et $b'(\tilde{T}) = T$.

Comme

$$\int_{\Omega} \tilde{T}(x + i\varepsilon)\, \varphi(x)\, dx = \frac{1}{2i\pi} \langle T_t * \frac{-1}{t + i\varepsilon} \quad , \varphi \rangle$$

il suffit de montrer que

$$\frac{-1}{2i\pi} \left[\frac{1}{t + i\varepsilon} - \frac{1}{t - i\varepsilon'} \right]$$

converge vers δ dans $\mathcal{D}'(\mathbb{R})$ quand ε, ε' tendent vers 0 par valeurs positives.

Soit $\theta \in \mathcal{D}(\mathbb{R})$ et $1 > 0$ tel que

$$(\operatorname{supp} \theta) \subset \left] -1 , +1 \right[$$

Soit $\Omega_{\varepsilon, \varepsilon'}$ le rectangle dans $\mathbb{C}$

$$-1 < x < 1 \qquad -\varepsilon' < y < \varepsilon$$

Prolongeons θ à $\mathbb{R}^2$ en posant :

$$\theta(z) = \theta(\operatorname{Re} z)$$

$$\frac{-1}{2i\pi} \int \left(\frac{\theta(x)}{x + i\varepsilon} - \frac{\theta(x)}{x - i\varepsilon'} \right) dx = \frac{1}{2i\pi} \int_{\partial\Omega_{\varepsilon,\varepsilon'}} \frac{\theta(z)}{z}\, dz .$$

D'après la formule de CAUCHY (théorème A 31) la différence de cette intégrale avec $\theta(0)$ vaut

$$\frac{1}{2i\pi}\iint_{\Omega_{\varepsilon,\varepsilon'}} \frac{\frac{\partial}{\partial \bar{z}}\theta(z)}{z}\, dz \wedge d\bar{z}$$

et cette dernière intégrale tend vers 0 avec ε, ε' car la fonction $\frac{1}{z}$ est localement sommable dans $\mathbb{R}^2$.

2) Il reste à démontrer :

$$H(\tilde{\Omega}-\Omega, b') \subset H(\tilde{\Omega}-\Omega, \mathcal{D}')$$

Soit $f \in H(\tilde{\Omega}-\Omega, b')$.

Soit $\tilde{\Omega}^+ = \tilde{\Omega} \cap (y > o)$.

Il suffit de démontrer que la restriction de f à $\tilde{\Omega}^+$ se prolonge en distribution à travers Ω.

La famille

$$(f(x+iy))_{y>o}$$

est bornée dans $\mathcal{D}'(\Omega)$, donc pour tout ouvert $\omega \subset\subset \Omega$ il existe $c > o$, $p \in \mathbb{N}$ tels que :

$$\forall \varphi \in \mathcal{D}(\omega)$$

$$\left|\int_\omega f(x+iy)\,\varphi(x)dx\right| \leq c\int_\omega |D^p\varphi|\, dx$$

Soit ω_a l'ouvert :

$$\omega_a = \omega \times \{o < y < a\}$$

a étant assez petit pour que

$$\omega_a \subset\subset \tilde{\Omega}^+.$$

Soit $\psi \in \mathcal{E}(\mathbb{R})$ à support dans $]-\infty, a[$

$$\left| \iint_{\tilde{\Omega}^+_a} f(x+iy)\ \varphi(x)\ \psi(y)\ dx\ dy \right|$$
$$\leqslant \int_0^a |\psi(y)| \left| \int_\omega f(x+iy)\ \varphi(x)\ dx \right| dy$$
$$\leqslant c \iint_{\tilde{\Omega}^+} \left| D^p_x\ \varphi(x)\ \psi(y) \right| dx\ dy \ .$$

Cela implique que si $\theta \in \mathcal{D}(\tilde{\Omega})$ a son support dans $\omega \times \{y < a\}$ alors

$$\left| \iint_{\tilde{\Omega}^+} f(x+iy)\ \theta(x,y)\ dx\ dy \right|$$
$$\leqslant c \iint_{\tilde{\Omega}^+} \left| D^p_x\ \theta \right| dx\ dy \ .$$

On peut donc définir un prolongement $\overline{f}$ de f à $\mathcal{D}'(\tilde{\Omega})$ en posant si $\theta \in \mathcal{D}(\tilde{\Omega})$:

$$\langle \overline{f}\ ,\ \theta \rangle = \int_{\tilde{\Omega}^+} f(x+iy)\theta(x,y)\ dx\ dy\ .$$

COROLLAIRE.

Soit $f \in H(\tilde{\Omega} - \Omega)$.

Supposons que $\forall \varphi \in \mathcal{D}(\Omega)$ l'intégrale

$$\int_\Omega (f(x+iy) - f(x-iy'))\ \varphi(x) dx$$

tende vers 0 quand y et y' tendent vers 0 par valeurs positives.

Alors $f \in H(\tilde{\Omega})$.

Démonstration.

D'après le théorème 252 l'hypothèse implique $\gamma(f) = 0$. On applique alors le théorème 251.

C O M M E N T A I R E S

Les trois premiers paragraphes de ce chapitre étendent aux opérateurs à coefficients analytiques des résultats de GROTHENDIECK (15) pour le premier et de BENGEL (1) pour les deux autres.

Simultanément à (1) le théorème 231 a été démontré (toujours pour les opérateurs à coefficients constants) par HARVEY (17) qui utilise pour cela la théorie de SATO (cf. chapitre IV).

Une autre démonstration du théorème 231, valable pour les opérateurs pseudo-différentiels, est donnée par BOUTET de MONVEL et KREE dans (4). Ces auteurs utilisent le théorème 131.

Une quatrième démonstration de ce théorème figure dans (36).

Les résultats du paragraphe 5 sont classiques. On pourra consulter à ce sujet (28, chapitre 1) et la bibliographie de cet article.
On pourrait (*) faire une étude analogue à celle du paragraphe 2 en considérant des problèmes "unilatéraux" et démontrer que si P est "proprement elliptique" d'ordre 2m on peut obtenir les m-uples d'hyperfonctions comme valeurs au bord unilatérales des solutions de l'équation Pu = 0.

Dans le cas des ouverts bornés à frontière analytique ce résultat (modulo des espaces de dimension finie) est dû à LIONS et MAGENES (22, cf. aussi (36) à ce sujet).

(*) Article en préparation.

CHAPITRE III

RÉSULTATS DIVERS

§ 1. - Systèmes différentiels.

Soit $\mathbb{C}[D] = \mathbb{C}[D_1, \dots D_n]$ l'anneau des polynômes différentiels à coefficients dans $\mathbb{C}$ sur $\mathbb{R}^n$.

Soit P une matrice (q, p) à coefficients dans $\mathbb{C}[D]$ et Q une matrice (r , q) construite comme au chapitre A, § 2C, i,e :

$$Q = \begin{pmatrix} Q_1 \\ \vdots \\ Q_r \end{pmatrix}$$

où les Q_i engendrent sur $C[D]$ le sous-module de $\mathbb{C}[D]^q$ des solutions R de l'équation :

$$R \circ P = 0$$

THÉORÈME 311.

Soit Ω un ouvert convexe de $\mathbb{R}^n$.

La suite

$$B(\Omega)^p \xrightarrow[P]{} B(\Omega)^q \xrightarrow[Q]{} B(\Omega)^r$$

est exacte.

Démonstration.

Plongeons $\mathbb{R}^n$ dans $\mathbb{R}^{n+1}$ par

$$x \longrightarrow (x, o)$$

et soit $A = \mathbb{C}[D, D_t]$ l'anneau des polynômes différentiels sur $\mathbb{C}$ dans $\mathbb{R}^{n+1}$.
On identifie $\mathbb{C}[D]$ à son image dans A.

Les $(Q_i)_{i=1}^{r}$ forment encore un système de générateurs (sur A) du sous-module de A^q des solutions de l'équation $R \circ P = 0$ car si R est une telle solution

$$R = \sum_{i=0}^{m} R_i \quad D_t^i \qquad R_i \in \mathbb{C}[D]$$

et $\sum_{i=0}^{m} R_i \; D_t^i \circ P = 0$ entraîne $R_i \, P = 0 \quad \forall i$.

Soit Δ_x le Laplacien dans $\mathbb{R}^n$ et $\Delta = \Delta_x + D_t^2$ le Laplacien dans $\mathbb{R}^{n+1}$.

Soit $\mathcal{E}_\Delta$ le faisceau sur $\mathbb{R}^{n+1}$ des solutions de l'équation $\Delta u = 0$.

<u>LEMME 311.</u>

<u>Soit $\tilde{\Omega}$ un ouvert convexe de $\mathbb{R}^{n+1}$. La suite</u>

$$\mathcal{E}_\Delta(\tilde{\Omega})^p \xrightarrow[P]{} \mathcal{E}_\Delta(\tilde{\Omega})^q \xrightarrow[Q]{} \mathcal{E}_\Delta(\tilde{\Omega})^r$$

<u>est exacte.</u>

<u>Démonstration du lemme.</u>

Considérons l'application P' :

$$\mathcal{E}(\tilde{\omega})^p \longrightarrow \mathcal{E}(\tilde{\omega})^q \times \mathcal{E}(\tilde{\omega})^p$$
$$(f) \longrightarrow P(f), \Delta(f)$$

D'après le théorème A 25 , il suffit de vérifier que si

$(g) \in \mathcal{E}(\tilde{\omega})^q$ vérifie : $Q(g) = 0$, $\Delta(g) = 0$ alors pour toute matrice S de type $(1, p+q)$ vérifiant $S \circ P' = 0$

on a

$$S((g), 0) = 0.$$

On peut écrire $\quad S = (S_1, S_2)$ avec $S_1 \in A^q$, $S_2 \in A^p$.

$$S \circ P' = S_1 P + S_2 \Delta$$

et

$$S((g), o) = S_1(g).$$

Il suffit donc de démontrer que la relation :

(1) $$S_1 P + S_2 \Delta = 0$$

entraîne que S_1 est engendrée sur A par des matrices du type ΔR, $R \in A^q$, et par les Q_i $(i = 1 \ldots r)$.

On peut supposer que S_1 et S_2 sont sommes de monômes en D_t d'ordre pair.

Raisonnons par récurrence sur l'ordre 2n du polynôme en D_t, S_1.

Si n = o, la relation

$$S_1 P + (\Delta_x + D_t^2) S_2 = 0$$

entraîne $S_2 = 0$ donc $S_1 P = 0$.

Supposons notre résultat vrai pour les polynômes d'ordre $\leq 2n$.

Soit $\tilde{S}_1 = S_1 + U_{2n+2} D_t^{2n+2}$

$\tilde{S}_2 = S_2 + U'_{2n} D_t^{2n}$

avec $U_{2n+2} \in A^q$ $\quad U'_{2n} \in A^p$

et $\tilde{S}_1 P + \tilde{S}_2 \Delta = 0$.

On a donc

$$S_1 P + U_{2n+2} D_t^{2n+2} P + S_2 \Delta + \Delta_x U'_{2n} D_t^{2n} + U'_{2n} D_t^{2n+2} = 0$$

d'où

$$U_{2n+2} P + U'_{2n} = 0$$

$$S_1 P + S_2 \Delta + \Delta_x U'_{2n} D_t^{2n} = 0$$

ce qui entraîne

$$(S_1 - U_{2n+2} \Delta_x D_t^{2n})P + S_2 \Delta = 0$$

et d'après l'hypothèse de récurrence :

$$S_1 - U_{2n+2} \Delta_x D_t^{2n} = \sum_{i=1}^{r} a_i Q_i + \Delta R$$

avec $R \in A^q$ $a_i \in A$

donc

$$\tilde{S}_1 = S_1 + U_{2n+2} D_t^{2n+2} = \sum_{i=1}^{r} a_i Q_i + \Delta R + U_{2n+2} D_t^{2n} \left[\Delta_x + D_t^2\right]$$

$\tilde{S}_1$ est bien de la forme cherchée.

<u>Fin de la démonstration du théorème.</u>

Soit Ω un ouvert convexe et $u \in B(\Omega)^q$ vérifiant $Qu = 0$.

Soit $\tilde{\Omega} = \Omega \times \mathbb{R}$.

D'après le théorème 221, on a un isomorphisme γ:

$$\frac{\mathcal{E}_\Delta(\tilde{\Omega}-\Omega)}{\mathcal{E}_\Delta(\tilde{\Omega})} \xrightarrow{\sim} B(\Omega)^2$$

et d'après le théorème 222 cet isomorphisme commute avec les dérivations dans $\mathbb{R}^n$.

Soit $f \in \mathcal{E}_\Delta^q(\tilde{\Omega}-\Omega)$ tel que :

$$\gamma(f) = (u, o) \in (B(\Omega)^2)^m$$
$$Q\gamma(f) - \gamma(Q f) = (0, 0)$$

Cela entraîne

$$Q f \in \mathcal{E}_\Delta^r(\tilde{\Omega}).$$

Soit $(R_1, \ldots. R_s)$ un système de générateurs du sous-module de $\mathbb{C}[D]^r$

des solutions de

$$R\,Q = 0$$

et soit R la matrice $\begin{pmatrix} R_1 \\ \vdots \\ R_s \end{pmatrix}$

D'après le lemme 311 (en remplaçant P par Q, Q par R), il existe $g \in \mathcal{E}^r_\Delta(\tilde{\Omega})$ tel que

$$Q\,g = Q\,f$$

puisque $R\,Q\,f = 0$.

Soit $f' = f - g \in \mathcal{E}^q_\Delta(\tilde{\Omega} - \Omega)$.

On a

$$\gamma(f') = \gamma(f) = (u, 0)$$

et comme $Q\,f' = 0$, il existe d'après le lemme 311 $h \in \mathcal{E}^p_\Delta(\tilde{\Omega} - \Omega)$ tel que

$$P\,h = f' .$$

Soit $\gamma(h) = (v_1, v_2) \in (B(\Omega)^2)^p$

$$(P\,v_1, Pv_2) = P\gamma(h) = (u, o)$$

donc $v_1 \in B(\Omega)^p$ vérifie $Pv_1 = u$.

COROLLAIRE 1.

Soit P un opérateur différentiel à coefficients constants. Pour tout ouvert Ω de $\mathbb{R}^n$, on a :

$$P\,B(\Omega) = B(\Omega) .$$

Démonstration.

Si $T \in B(\Omega)$, il existe $\overline{T} \in B(\mathbb{R}^n)$ prolongeant T. D'après le théorème 311 il existe $S \in B(\mathbb{R}^n)$ solution de $P\,S = \overline{T}$.

alors $$P\,S|\Omega = T.$$

COROLLAIRE 2.

Soit P un opérateur différentiel à coefficients constants ayant la propriété

$$\forall \Omega \subset \mathbb{R}^n, \; u \in B(\Omega) \; , \; Pu = 0 \implies u \in \mathcal{D}'(\Omega) \; .$$

Alors P est elliptique.

Démonstration.

L'hypothèse entraîne , d'après le corollaire 1 que pour tout ouvert Ω on a

$$P \mathcal{D}'(\Omega) = \mathcal{D}'(\Omega)$$

et cette propriété est caractéristique des opérateurs elliptiques (18).

Cela montre que si $u \in \mathcal{O}'(\mathbb{R}^n)$ et $T \in B(\mathbb{R}^n)$ la formule

$$\mathcal{E}\text{-}\sigma(u * T) \subset \mathcal{E}\text{-}\sigma(u) + \mathcal{E}\text{-}\sigma(T)$$

est fausse, puisqu'il existe des opérateurs différentiels hypo-elliptiques mais non elliptiques.

Remarque.

On peut améliorer le corollaire 2 en remplaçant $B(\Omega)$ par l'espace de toutes les ultra-distributions sur Ω (7).

§ 2. - Opérateurs différentiels du premier ordre.

a) Utilisation de l'analyse fonctionnelle.

Soit Ω un ouvert borné de $\mathbb{R}^n$, $\bar{\Omega} = K, \partial\Omega = K - \Omega$. Soit P un opérateur différentiel à coefficients analytiques dans un voisinage de K.

Dans ce § 2 a P est d'ordre quelconque.

THÉORÈME 321.

Soit F un sous-espace de FRÉCHET de $\mathfrak{A}'(K)$ (avec injection continue) et $F|\Omega$ l'image de F dans $B(\Omega)$.

Supposons que

$$P\, B(\Omega) \supset F|\Omega$$

Alors pour tous voisinages complexes $\tilde{\Omega}_1$ de K et $\tilde{\Omega}_2$ de $\partial\Omega$ tels que $\tilde{\Omega}_2 \subset \tilde{\Omega}_1$ il existera des compacts $K_i \subset \tilde{\Omega}_i$ $(i = 1, 2)$ et une semi-norme continue p sur F tels que :

$$\forall u \in F \quad \forall f \in H(\tilde{\Omega}_1) \quad |\langle u, f\rangle| \leqslant p(u) \left[\left| {}^tP\, f \right|_{K_1} + |f|_{K_2} \right]$$

où $|g|_{K_i} = \sup\limits_{z \in K_i} |g(z)|$

et $\langle\ .\ ,\ .\ \rangle$ désigne la dualité entre $\mathfrak{A}'(K)$ et $\mathfrak{A}(K)$.

Démonstration.

L'hypothèse du théorème implique que l'image de l'application :

$$\tilde{P} : \mathfrak{A}'(K) \times \mathfrak{A}'(\partial\Omega) \longrightarrow \mathfrak{A}'(K)$$
$$v, \rho \rightarrow P\, v + \rho$$

contient F.

La forme bilinéaire sur $F \times H(\tilde{\Omega}_1)$

$$(u, f) \longrightarrow \langle u\ ,\ f\rangle$$

est donc séparément continue quand F est muni de sa topologie d'espace de FRÉCHET et $H(\tilde{\Omega}_1)$ de la topologie la moins fine rendant continue les applications :

$$H(\tilde{\Omega}_1) \longrightarrow H(\tilde{\Omega}_1)$$
$$f \longrightarrow {}^tP\, f$$

et

$$H(\tilde{\Omega}_1) \longrightarrow H(\tilde{\Omega}_2)$$
$$f \longrightarrow f$$

puisque

$$\langle u, f \rangle = \langle v , {}^tP f \rangle + \langle \rho , f \rangle$$

$$v \in \mathfrak{a}'(K) \quad \rho \in \mathfrak{a}'(\partial\Omega) .$$

La forme bilinéaire est donc continue (théorème A 13) d'où l'inégalité.

THÉORÈME 322.

Soit K un voisinage compact de 0, F un sous-espace de FRÉCHET (avec injection continue) de $\mathfrak{a}'(K)$.

Soit F_o l'image de F dans B_o, espace des germes d'hyperfonctions à l'origine.

Supposons que

$$P B_o \supset F_o$$

Alors il existe un voisinage ouvert ω de 0 tel que

$$P B(\omega) \supset F \big|_{\omega}$$

COROLLAIRE.

Supposons que

$$P B_o = B_o .$$

Alors il existe un voisinage ω de 0 avec

$$P B(\omega) = B(\omega).$$

Démonstration du corollaire.

Soit K un voisinage compact de 0. On applique le théorème 312 avec $F = \mathfrak{a}'(K)$.

Alors $F|\omega = B(\omega)$.

Démonstration du théorème 312.

Soit ω_n un système fondamental de voisinages ouverts de 0 avec

$$\omega_n \subset K$$

Soit $\tilde{P}$ l'application

$$\mathfrak{A}'(\bar{\omega}_n) \times \mathfrak{A}'(\partial\omega_n) \longrightarrow \mathfrak{A}'(\bar{\omega}_n)$$

$$v, \rho \longrightarrow Pv + \rho$$

L'hypothèse du théorème implique que l'image dans $\mathfrak{A}'(K)$ de

$$\bigcup_n \tilde{P}(\mathfrak{A}'(\bar{\omega}_n) \times \mathfrak{A}'(\partial\omega_n))$$

contient F.

On en déduit (théorème A 14) qu'il existe un n tel que

$$F \subset \tilde{P}(\mathfrak{A}'(\bar{\omega}_n) \times \mathfrak{A}'(\partial\omega_n))$$

d'où

$$P\, B(\omega_n) \supset F|\omega_n \, .$$

b) Opérateurs du premier ordre.

Nous supposerons désormais P du premier ordre à coefficients analytiques au voisinage de l'origine $o \in \mathbb{R}^n$ $(n > 1)$ et nous supposerons que la partie principale P_1 de P ne s'annule pas à l'origine.

THÉORÈME 323.

Supposons qu'il existe une fonction w analytique au voisinage de o telle que :

$$P_1 \quad w = 0$$
$$\operatorname{Im} \; w(x) = 0 \iff x = 0 \, .$$

Alors pour tout voisinage Ω de o (suffisamment petit) il existe $\varepsilon > o$ tel que si H_ε désigne l'espace des fonctions holomorphes dans la bande

$$|\text{Im } z| < \varepsilon$$

on ait

$$P\,B(\Omega) \not\supset H_\varepsilon\big|\Omega$$

Démonstration.

Soit Ω un voisinage ouvert de o suffisamment petit pour que :

- Ω soit borné

- $\text{Im } w > 3\,c$ sur $\partial\Omega$, $c > o$ (si $\text{Im } w \leq o$ en remplace w par $-w$)

- Une solution α de ${}^tP\,\alpha = \theta$ $\alpha(o) = o$, où θ est le terme de degré 0 de ${}^tP$ soit analytique au voisinage de $\bar{\Omega}$ ainsi que w et les coefficients de P.

Au voisinage de 0 , on a :

$$\text{Im } w(x) = q_e(x) + o(|x|^{e+1})$$

où q_e est un polynôme homogène de degré $e \geq 2$ (car $n > 1$).

Soit $\xi = \text{Grad } w(o)$

$\xi \in \mathbb{R}^n$ (et même à $\mathbb{R}^n - \{o\}$).

Soit $\varphi \in \mathcal{D}(\mathbb{R}^n)$, $\varphi(\xi) \neq 0$ et soit $\varepsilon > 0$ tel que

$$\langle \text{Im } z, y \rangle < c$$

si $|\text{Im } z| < \varepsilon$, $y \in \text{supp}(\varphi)$.

Supposons que

$$P\,B(\Omega) \supset H_\varepsilon\big|\Omega .$$

Soit $\tilde{\Omega}_1 \supset \tilde{\Omega}_2$ deux voisinages dans $\mathbb{C}^n$ de $\bar{\Omega}$ et $\partial\Omega$ tels que toutes les fonctions considérées soient holomorphes dans $\tilde{\Omega}_1$ et tels que :

$$\text{Im } w > 2c \quad \text{sur } \tilde{\Omega}_2.$$

L'application de H_ε dans $B(\Omega)$ se factorise par :

$$H_\varepsilon \longrightarrow \mathfrak{a}'(\bar{\Omega}) \longrightarrow B(\Omega)$$

et l'application

$$H_\varepsilon \longrightarrow \mathfrak{a}'(\bar{\Omega})$$

est définie par :

$$g \rightarrow \int_{\bar{\Omega}} g \cdot dx .$$

Il résulte alors du théorème 321 qu'il existe une constante A et des compacts K_1, K_2, K_3 tels que

$$K_i \subset \tilde{\Omega}_i \quad (i = 1, 2)$$

$$K_3 \subset \left\{ |\operatorname{Im} z| < \varepsilon \right\}$$

$$\forall g \in H_\varepsilon , \ \forall f \in H(\tilde{\Omega}_1)$$

$$(*) \qquad \left| \int_{\bar{\Omega}} fg \, dx \right| \leqslant A \, |g|_{K_3} \left[\left| {}^tP f \right|_{K_1} + |f|_{K_2} \right]$$

Soit alors

$$f_\tau = e^{-\alpha} e^{i\tau w} \qquad \tau \in \mathbb{R}^+$$

$$g_\tau(x) = \tau^n \quad \hat{\varphi}(\tau x) \quad \text{où } \hat{\varphi} \text{ est la transformée de FOURIER}$$

de φ.

On a $${}^tP f_\tau = 0$$

$$\sup_{K_3} |g_\tau| \leqslant B \exp c\tau$$

car $|\langle \operatorname{Im} z, y\rangle| \leqslant c$ si $y \in \operatorname{supp}\varphi$ et $|\operatorname{Im} z| < \varepsilon$.

De même on a

$$\sup_{K_2} |f_\tau| \leqslant B' \exp - 2c\tau .$$

Le deuxième membre de l'inégalité (*) tend donc vers o quand τ tend vers $+\infty$ alors que le premier membre tend , d'après le théorème de LEBESGUE vers :

$$\lim_{\tau\to\infty} \tau^n \int_{\bar{\Omega}} \hat{\varphi}(\tau x) e^{-\alpha(x)} e^{-i\tau w(x)} dx$$

$$= \lim_{\tau\to\infty} \int_{\tau\Omega} \hat{\varphi}(x) e^{-\alpha(x/\tau)} e^{-i w(x/\tau)} dx$$

$$= \int_{\mathbb{R}^n} \hat{\varphi}(x) e^{i\langle x, \xi\rangle} dx = \varphi(\xi) \neq 0.$$

COROLLAIRE.

Sous les hypothèses du théorème 323, $\forall \varphi \in \mathcal{D}(\mathbb{R}^n)$, $\varphi \neq 0$, $\exists f \in \mathcal{E}(\mathbb{R}^n)$ tel que :

$$\varphi * f \notin P B_o .$$

Démonstration.

Sinon on aurait d'après le théorème 322 :

$$(\varphi * \mathcal{E}(\mathbb{R}^n)) \Big|_{\omega} \subset P\, B(\omega)$$

pour un ouvert ω contenant o ce qui contredit le théorème 323 car $\mathcal{O}\!\mathcal{L}(\mathbb{R}^n) \subset \varphi * \mathcal{E}(\mathbb{R}^n)$ d'après (9).

Exemple.

L'opérateur

$$D_{x_1} + i x_1 D_{x_2}$$

vérifie l'hypothèse du théorème 323.

§ 3. - Division des hyperfonctions.

a) $\mathcal{O}\!\mathcal{L}$-modules de type fini.

Soit $\mathcal{O}\!\mathcal{L}$ le faisceau des fonctions analytiques réelles. C'est un faisceau d'anneaux.

Soit $\Omega \subset \mathbb{R}^n$, $F_1, \dots F_p \in \mathcal{O}\!\mathcal{L}(\Omega)^q$.

Le faisceau $R(F_1, \ldots, F_p)$ sera le sous-faisceau de $\mathfrak{A}^q|\Omega$ des

$$G = (g_1, \ldots, g_q) \quad \text{tels que}$$

$$\forall j \leqslant p \qquad \sum_{i=1}^{q} g_i \, F_j^i = 0$$

si $\qquad F_j = (F_j^1, \ldots, F_j^q)$.

Comme Ω a d'après le théorème de GRAUERT (théorème A 33) un système fondamental de voisinages d'holomorphie dans $\mathbb{C}^n$, il existe un ouvert d'hololomorphie $\tilde{\Omega}$ tel que

$$\tilde{\Omega} \cap \mathbb{R}^n = \Omega$$

$$F_j^i \in H(\tilde{\Omega}) \qquad \forall i \leqslant q \quad j \leqslant p \ .$$

Il résulte alors des théorèmes de OKA et CARTAN (cf. 19, théorèmes 716, 721) que pour tout compact $K \subset \Omega$, il existe

$$G_1, \ldots, G_r \in \mathfrak{A}(K)^q$$

qui engendrent pour tout compact $L \subset K$ le $\mathfrak{A}(L)$-module

$$\Gamma(L, \ R(F_1, \ldots, F_p))$$

Les matrices

$$(F) = (F_1, \ldots, F_p)$$

et

$$(G) = \begin{pmatrix} G_1 \\ \vdots \\ G_r \end{pmatrix}$$

définissent des homomorphismes

$$\mathfrak{A}(K)^p \xrightarrow[(F)]{} \mathfrak{A}(K)^q \xrightarrow[(G)]{} \mathfrak{A}(K)^r$$

et par transposition

$$\mathfrak{A}(K)^r \xrightarrow[{}^t(G)]{} \mathfrak{A}(K)^q \xrightarrow[{}^t(F)]{} \mathfrak{A}(K)^p$$

Cette dernière suite est exacte car si $(h) \in \mathfrak{A}(K)^q$ on a :

$(h) \in \operatorname{Im} {}^t(G) \Longleftrightarrow {}^t(h)$ est engendré par les

$$G_i \quad (i = 1 \dots r) \iff {}^t(h) \circ (F) = 0 \iff {}^t(h)\,(F) = 0$$

Considérons maintenant ${}^t(F)$ et ${}^t(G)$ comme des applications $\mathbb{C}$-linéaires et transposons :

<u>LEMME 331.</u>

<u>Pour tout compact</u> $L \subset K$ <u>la suite</u>

$$\mathcal{O}\!\mathcal{L}'(L)^p \xrightarrow[(F)]{} \mathcal{O}\!\mathcal{L}'(L)^q \xrightarrow[(G)]{} \mathcal{O}\!\mathcal{L}'(L)^r$$

<u>est exacte.</u>

<u>Démonstration.</u>

On peut prendre $L = K$.

D'après ce qui précède on a :

$$\mathrm{Im}(F)^{\perp} = \mathrm{Ker}\ {}^t(F) = \mathrm{Im}\ {}^t(G) \ .$$

Donc il suffit de vérifier que l'application (F) est d'image fermée, ou que l'application ${}^t(F) : \mathcal{O}\!\mathcal{L}(K)^q \longrightarrow \mathcal{O}\!\mathcal{L}(K)^p$ est d'image fermée, ce qui résulte du :

<u>LEMME 332.</u>

<u>Soit</u> M <u>un sous-</u>$\mathcal{O}\!\mathcal{L}(K)$<u>-module de type fini de</u> $\mathcal{O}\!\mathcal{L}(K)^p$. M <u>est fermé dans</u> $\mathcal{O}\!\mathcal{L}(K)^p$ <u>muni de sa topologie naturelle d'espace du type</u> D F S .

<u>Démonstration.</u>

Soit $a \in K$. L'espace $\mathcal{O}\!\mathcal{L}(\{a\})$ est algébriquement isomorphe au sous-espace des séries convergentes $\mathbb{C}\{x_1, \dots, x_n\}$ de l'espace des séries formelles $\mathbb{C}[[x_1, \dots x_n]]$.

L'espace $\mathbb{C}[[x_1, \dots, x_n]]$ a une topologie naturelle d'espace de FRÉCHET

$(\mathbb{C}[[x_1, \dots x_n]] \simeq (\mathbb{C}^n)^{\mathbb{N}})$ dite "topologie de la convergence simple des coefficients".

Désignons par $\mathcal{O}_a$ l'espace $\mathcal{O}(\{a\})$ muni de cette topologie.

Les applications canoniques

$$R_a : \mathcal{O}^p(K) \to \mathcal{O}_a^p$$

sont continues et $R_a(M)$ est un sous-$\mathcal{O}_a$-module de $\mathcal{O}_a^p$.

Il résulte d'un théorème de KRULL (cf. aussi 19, théorème 635) que $R_a(M)$ est fermé dans $\mathcal{O}_a^p$.

Il suffit alors de vérifier que :

$$M = \bigcap_{a \in K} R_a^{-1} R_a(M)$$

et cela résulte encore d'un théorème de CARTAN (cf. 19, théorème 721).

b) Division des hyperfonctions.

Soit (F) une matrice à coefficients dans $\mathcal{O}(\Omega)$, $\Omega \subset \mathbb{R}^n$ et A un fermé de Ω.

(F) définit un morphisme (de $\mathcal{O}(\Omega)$-modules)

(F) $\mathcal{O}(\Omega)^p \to \mathcal{O}(\Omega)^q$

et se prolonge en une application.

(F) $B_A^p(\Omega) \longrightarrow B_A^q(\Omega)$.

THÉORÈME 331.

Soit $T = (T_1, \dots T_q) \in B_A^q(\Omega)$.

Une condition nécessaire et suffisante pour qu'il existe $S = (S_1, \dots S_p) \in B_A^p(\Omega)$ tel que

$$(F)\, S = T$$

est que :

$$\forall \omega \subset \Omega \,,\ \forall (g) = (g_1, \dots g_q) \in \mathfrak{a}(\omega)^q$$

vérifiant

$$(g)(f) = 0$$

on ait

$$\sum_{i=1}^{q} g_i(T_i \big| \omega) = 0$$

Démonstration.

La condition est évidemment nécessaire. Inversement :

Soit $\Omega = \bigcup_{n \in \mathbb{N}} \Omega_n$ un recouvrement ouvert de Ω avec

$$\Omega_n \subset\subset \Omega_{n+1}$$

Soit $K_n = \bar{\Omega}_n \cap A$

$L_n = \partial\Omega_n \cap A$

Pour tout n il existe une décomposition

$$T = T_n + T'_n$$

$$T_n \in \mathfrak{a}'(K_n)^q \qquad T'_n \big| \Omega_n = 0.$$

D'autre part il résulte du a) que pour tout n il existe des matrices (G_n) et (H_n) à coefficients dans $\mathfrak{a}(K_n)$ telles que les suites :

$$\mathfrak{a}'(K_n)^p \xrightarrow{(F)} \mathfrak{a}'(K_n)^q \xrightarrow{(G_n)} \mathfrak{a}'(K_n)^{r_n}$$

et

$$\mathfrak{a}'(L_n)^q \xrightarrow{(G_n)} \mathfrak{a}'(L_n)^{r_n} \xrightarrow{(H_n)} \mathfrak{a}'(L_n)^{s_n}$$

soient exactes.

D'après l'hypothèse sur T on a :

$$(G_n)\, T_n \in \mathcal{O}\!\mathcal{L}'(L_n)^{r_n}$$

et on a

$$(H_n) \circ (G_n)\, T_n = 0$$

donc il existe $R_n \in \mathcal{O}\!\mathcal{L}'(L_n)^q$ tel que

$$(G_n)\, T_n = (G_n) R_n$$

Soit $U_n = T_n - R_n - (T_{n-1} - R_{n-1}) \qquad n \geq 1$

$U_o = T_\circ - T_\circ$

Soit $K'_n = K_n \cap \complement \Omega_{n-1}$

On a

$$U_n \in \mathcal{O}\!\mathcal{L}'(K'_n)$$

et la série

$$\sum_{n=o}^{\infty} U_n$$

est bien définie dans $B^q_A(\Omega)$ et vaut T puisque pour tout n seuls les U_p avec $p \leq n$ ont un support qui rencontre Ω_n et

$$\sum_{i=o}^{n} U_i \Big| \Omega_n = (T_n - R_n) \Big| \Omega_n = T \Big| \Omega_n$$

D'après le lemme 331 il existe $S_n \in \mathcal{O}\!\mathcal{L}'(K'_n)^p$ tel que

$$(F) S_n = U_n .$$

La série $\sum_{o}^{\infty} S_n$ définit une hyperfonction $S \in B^p_A(\Omega)$ et on a

$$(F) S = T$$

c) Applications.

Soit (F) une matrice (q, p) à coefficients dans $\mathcal{O}(\Omega)$. La matrice (F) définit un morphisme de faisceaux sur Ω

$$B^p \xrightarrow[(F)]{} B^q$$

THÉORÈME 332.

1) Le préfaisceau image de (F) est un faisceau flasque.

2) Le faisceau noyau de (F) est flasque.

Démonstration.

1) Soit $T \in B(\Omega)^q$. Dire que T appartient au faisceau associé au préfaisceau image de (F) signifie que T est localement dans l'image de (F). Mais alors T vérifiera les hypothèses du théorème 331 et donc il existera $S \in B^p(\Omega)$ avec

$$(F)S = T .$$

Le faisceau Im(F) est alors évidemment flasque puisque si $T \in \Gamma(\omega, \mathrm{Im}(F))$, si $S \in B^p(\omega)$ vérifie :

$$(F)S = T$$

et si $\overline{S} \in B^p(\Omega)$ est un prolongement de S , $(F)\overline{S}$ sera un prolongement de T.

2) Soit $T \in \Gamma(\omega, \mathrm{Ker}(F))$.

Posons $A = \Omega - \omega$ et soit $\overline{T} \in B^p(\Omega)$ un prolongement de T.

$$(F)\overline{T} \in \Gamma_A(\Omega, \mathrm{Im}(F))$$

et d'après le théorème de division il existe

$$S \in B^p_A(\Omega)$$

solution de

$$(F)S = (F)\overline{T} .$$

Alors $\overline{T} - S \in \Gamma(\Omega, \mathrm{Ker}(F))$ est un prolongement de T.

Si M est un faisceau cohérent de $\mathcal{O}$-modules (6) sur Ω M est localement isomorphe à un faisceau de la forme

$$\mathcal{O}^p / \operatorname{Im} {}^t(F)$$

où ${}^t(F) \; : \; \mathcal{O}^q \longrightarrow \mathcal{O}^p$ est une matrice (q, p).

On peut alors définir localement un faisceau B_M par

$$B_M = \operatorname{Ker} \left[(F) : B^p \longrightarrow B^q \right]$$

et "recoller" ces faisceaux.

On peut ainsi construire un foncteur contravariant(*) de la catégorie des $\mathcal{O}$-modules de faisceaux cohérents dans la catégorie des $\mathcal{O}$-modules de faisceaux flasques (20).

COMMENTAIRES

Le théorème 311 a été démontré par KOMATSU (21) qui utilise la représentation des hyperfonctions comme valeurs au bord de fonctions holomorphes (cf. chapitre IV).

Les résultats du paragraphe 2 sont dûs à l'auteur (34) . Le théorème 323 est l'extention d'un théorème de HÖRMANDER (18, théorème 614) .

On pourra trouver dans (34) une réciproque du théorème 323 et dans (35) une autre démonstration (utilisant les résultats du chapitre IV) dans un cas particulier.

Les résultats du paragraphe 3 sont dûs à KANTOR (20) et l'auteur.(**)

(*) et exact

(**) article à paraître aux "Anaïs da Academia Brasileira de Sciencias".

Nous n'avons pas eu le temps d'inclure un paragraphe sur les opérateurs hyperboliques mais signalons que le théorème de HOLMGREN (18, théorème 531) est vrai dans le cadre des hyperfonctions(*).

(*) Article à paraître aux "Anais da Academia Brasileira de Sciencias".

CHAPITRE IV

VALEURS AU BORD DES FONCTIONS HOLOMORPHES

§ 1. - Théorie de SATO.

a) Cohomologie du faisceau $\mathcal{O}\!\mathcal{L}$.

Soit $\mathcal{O}\!\mathcal{L}$ le faisceau des fonctions analytiques sur $\mathbb{R}^n$ et $\mathcal{O}$ le faisceau des fonctions holomorphes sur $\mathbb{C}^n$, complexifié de $\mathbb{R}^n$.

Si $x \in \mathbb{R}^n$ on a un isomorphisme

$$\mathcal{O}\!\mathcal{L}_x \simeq \mathcal{O}_x$$

Donc pour tout ouvert Ω de $\mathbb{R}^n$

$$\mathcal{O}\!\mathcal{L}|\Omega = \mathcal{O}|\Omega$$

Comme tout ouvert de $\mathbb{C}^n$ est paracompact, il résulte du théorème B 42 que

$$\mathcal{O}\!\mathcal{L}(\Omega) = \varinjlim_{\tilde{\Omega} \cap \mathbb{R}^n = \Omega} H(\tilde{\Omega})$$

LEMME 411.

$\forall \Omega$ ouvert de $\mathbb{R}^n$, $\forall p > 0$

$$H^p(\Omega, \mathcal{O}\!\mathcal{L}) = 0 .$$

Ière démonstration.

On sait d'après le théorème de GRAUERT que Ω a un système fondamental de voisinages ouverts d'holomorphie.

Il résulte alors du théorème B 42 que pour $p > 0$:

$$H^p(\Omega, \mathcal{O}) = \varinjlim_{\tilde{\Omega} \cap \mathbb{R}^n = \Omega} H^p(\tilde{\Omega}, \Theta) = 0$$

<u>2ème démonstration.</u>

Plongeons $\mathbb{R}^n$ dans $\mathbb{R}^{n+1}$ et soit Δ le Laplacien dans $\mathbb{R}^{n+1}$.

Soit $\mathcal{O}_\Delta$ le faisceau dans $\mathbb{R}^{n+1}$ des solutions analytiques de l'équation

$$\Delta u = 0$$

Il résulte du théorème de CAUCHY-KOWALEWSKI que l'on a un isomorphisme :

$$\mathcal{O}_\Delta \big| \Omega \simeq (\mathcal{O} \times \mathcal{O}) \big| \Omega$$

et donc d'après le théorème B 42

$$H^p(\Omega, \mathcal{O} \times \mathcal{O}) = \varinjlim_{\tilde{\Omega} \supset \Omega} H^p(\tilde{\Omega}, \mathcal{O}_\Delta)$$

Considérons alors la suite exacte de faisceaux :

$$0 \longrightarrow \mathcal{O}_\Delta \longrightarrow \mathcal{E} \xrightarrow[\Delta]{} \mathcal{E} \longrightarrow 0$$

et appliquons le théorème B 31.

Comme on a la suite exacte (théorème A 21 et A 22)

$$0 \longrightarrow \mathcal{O}_\Delta(\tilde{\Omega}) \longrightarrow \mathcal{E}(\tilde{\Omega}) \xrightarrow[\Delta]{} \mathcal{E}(\tilde{\Omega}) \longrightarrow 0$$

et comme $H^p(\tilde{\Omega}, \mathcal{E}) = 0 \quad p > 0$,

on trouve

$$H^p(\tilde{\Omega}, \mathcal{O}_\Delta) = 0$$

donc $H^p(\Omega, \mathcal{O} \times \mathcal{O}) = 0$ et d'après le théorème B 33 cela

entraîne

$$H^p(\Omega, \mathcal{O}) = 0$$

b) Lemme de MALGRANGE.

LEMME 412.

Soit $\tilde{\Omega}$ un ouvert de $\mathbb{C}^n$, F un fermé de Ω. On a :

a) $H^p_F(\tilde{\Omega}, \mathcal{O}) = 0 \quad \forall p > n$

b) $H^p(\tilde{\Omega}, \mathcal{O}) = 0 \quad \forall p \geqslant n$.

Démonstration.

a) D'après les théorèmes 142 et B 32 le groupe $H^p_F(\tilde{\Omega}, \mathcal{O})$ est isomorphe au p-ième groupe de cohomologie du complexe :

$$0 \longrightarrow H^0_F(\tilde{\Omega}, \mathcal{O}) \longrightarrow B_F^{0,0}(\tilde{\Omega}) \xrightarrow[\bar{\partial}]{} B_F^{0,1}(\tilde{\Omega}) \longrightarrow \cdots \longrightarrow B_F^{0,n}(\tilde{\Omega}) \longrightarrow 0 \longrightarrow 0 \ldots.$$

donc pour $p > n$, ce groupe est nul.

b) Appliquons ce résultat à $\mathbb{C}^n$ avec $F = \mathbb{C}^n - \tilde{\Omega}$

$$H^p_{\mathbb{C}^n - \tilde{\Omega}}(\mathbb{C}^n, \mathcal{O}) = 0 \quad p > n .$$

Ecrivons la suite exacte de cohomologie à support dans $\mathbb{C}^n - F$ (corollaire 1 du théorème B 35) :

$$\ldots \longrightarrow H^p(\mathbb{C}^n, \mathcal{O}) \longrightarrow H^p(\tilde{\Omega}, \mathcal{O})$$

$$\longrightarrow H^{p+1}_{\mathbb{C}^n - \tilde{\Omega}}(\mathbb{C}^n, \mathcal{O}) \longrightarrow H^{p+1}(\mathbb{C}^n, \mathcal{O}) \longrightarrow \cdots$$

Le lemme résulte alors de ce que

$$H^p(\mathbb{C}^n, \theta) = 0 \quad \forall p > 0$$

Remarque.

La démonstration de MALGRANGE (25) du lemme 412 utilise la résolution de DOLBEAULT de $\mathcal{O}$ et le théorème A 21.

c) Lemme de SERRE.

LEMME 413.

Soit $L \xrightarrow[u]{} M \xrightarrow[v]{} N$ un complexe d'espaces vectoriels topologiques. (i, e : $v \circ u = 0$) du type F S . On suppose que u et v sont des homomorphismes et soit $H = \dfrac{\text{Ker } v}{\text{Im } u}$.

Soit $N' \xrightarrow[v']{} M' \xrightarrow[u']{} L'$ le complexe transposé et $K = \dfrac{\text{Ker } u'}{\text{Im } v'}$.

Alors H est du type F S, K du type D F S et H et K sont en dualité.

Démonstration.

Les quatre applications u, v, u', v' sont d'images fermées. Donc H est du type F S et K du type D F S

$$(\text{Ker } v)' = M'/\text{Im } v'$$

par suite

$\left(\dfrac{\text{Ker } v}{\text{Im } u}\right)'$ sera le polaire de Im u dans $M'/\text{Im } v'$ donc sera

$\dfrac{\text{Ker } u'}{\text{Im } v'}$.

d) Cohomologie d'un compact de $\mathbb{C}^n$.

THÉORÈME 411.

Soit K un compact de $\mathbb{C}^n$ avec

$$H^p(K, \mathcal{O}) = 0 \quad \forall p > 0$$

Alors $$H^p_K(\mathbb{C}^n, \mathcal{O}) = 0 \quad \forall p \neq n$$

<u>et il existe un isomorphisme</u> ρ :

$$H^n_K(\mathbb{C}^n, \mathcal{O}) \longrightarrow H'(K) .$$

De plus si $K_1 \subset K_2$ vérifient les hypothèses du théorème il résultera de la démonstration que le diagramme

$$\begin{array}{ccc} H^n_{K_1}(\mathbb{C}^n, \mathcal{O}) & \longrightarrow & H^n_{K_2}(\mathbb{C}^n, \mathcal{O}) \\ \downarrow & & \downarrow \\ H'(K_1) & \longrightarrow & H'(K_2) \end{array}$$

est commutatif.

<u>Démonstration</u>.

Considérons les deux résolutions de Θ :

(1) $0 \longrightarrow \mathcal{O} \longrightarrow \mathfrak{A}^{o,o} \longrightarrow \mathfrak{A}^{o,1} \longrightarrow \dots \longrightarrow \mathfrak{A}^{o,n} \longrightarrow 0$

(2) $0 \longrightarrow \mathcal{O} \longrightarrow B^{o,o} \longrightarrow B^{o,1} \longrightarrow \dots \longrightarrow B^{o,n} \longrightarrow 0$

Comme on a $H^p(K, \mathfrak{A}^{o,q}) = 0 \quad \forall p > 0 \quad q \geqslant 0$ d'après le lemme 411, les groupes $H^p(K, \mathcal{O})$ sont isomorphes aux groupes de cohomologie du complexe :

(3) $0 \longrightarrow H(K) \longrightarrow \mathfrak{A}^{o,o}(K) \longrightarrow \dots \longrightarrow \mathfrak{A}^{o,n}(K) \longrightarrow 0$

et comme les faisceaux $B^{o,p}$ sont flasques les groupes $H^p_K(\mathbb{C}^n, \mathcal{O})$ sont isomorphes aux groupes de cohomologie du complexe:

$0 \longrightarrow O \longrightarrow B^{o,o}_K \longrightarrow B^{o,1}_K \longrightarrow \dots \longrightarrow B^{o,n}_K \longrightarrow 0$

(où on écrit $B^{o,p}_K$ pour $B^{o,p}_K(\mathbb{C}^n)$) .

L'hypothèse $H^p(K, \mathcal{O}) = 0$, $p > 0$ implique que la suite (3) est exacte. Les opérateurs $\bar{\partial}$ sont donc des homomorphismes , puisque d'images fermées, car les espaces $\mathfrak{A}^{o,p}(K)$ sont du type D F S .

Les espaces $\mathfrak{A}^{o,p}(K)$ et $B^{o,n-p}_K$ sont des espaces du type D F S et F S en dualité par :

$$< \sum_{|J| = n-p} T_J d\bar{z}_J \; , \; \sum_{|I| = p} f_I d\bar{z}_I > = \sum_{I \cup J = (1, \dots n)} \varepsilon_{I,J} < T_J, f_I >$$

où $\varepsilon_{I,\, J}$ désigne la signature de la permutation $(1, \dots n) \rightarrow (I, J)$.

De plus le transposé de l'application

$$\bar{\partial} \quad \mathcal{O}\!\mathcal{C}^{o,p}(K) \longrightarrow \mathcal{O}\!\mathcal{C}^{o,p+1}(K)$$

est (au signe près) l'application

$$\bar{\partial} : B_K^{o,n-p-1} \longrightarrow B_K^{o,n-p}$$

D'après le lemme 413 la suite

$$0 \longrightarrow B_K^{o,o} \xrightarrow[\bar{\partial}]{} \dots \longrightarrow B_K^{o,n}$$

est exacte, et par suite

$$H_K^p(\mathbb{C}^n, \mathcal{O}) = 0 \qquad p < n$$

Considérons enfin les deux suites exactes :

$$0 \longrightarrow H(K) \longrightarrow \mathcal{O}\!\mathcal{C}^{o,o}(K) \xrightarrow[\bar{\partial}]{} \mathcal{O}\!\mathcal{C}^{o,1}(K)$$

$$B_K^{o,n-1} \xrightarrow[\bar{\partial}]{} B_K^{o,n} \longrightarrow B^{o,n}/_{\bar{\partial}}\, B_K^{o,n-1} \longrightarrow 0$$

L'application

$$\bar{\partial} : B_K^{o,n-1} \longrightarrow B_K^{o,n}$$

est d'image fermée puisque transposée d'une application d'image fermée.

Donc l'espace

$$B_K^{o,n} / \bar{\partial} B_K^{o,n-1} \qquad \text{(qui est isomorphe à } H_K^n(\mathbb{C}^n, \mathcal{O}))$$

est isomorphe à $H'(K)$.

e) Cohomologie à support dans $\mathbb{R}^n$ (théorème de SATO).

THÉORÈME 412.

Soit Ω un ouvert de $\mathbb{R}^n$

a) Les groupes $H^p_\Omega(\mathbb{C}^n, \mathcal{O})$ sont nuls pour $p \neq n$.

b) Le préfaisceau sur $\mathbb{R}^n$

$$\Omega \longrightarrow H^n_\Omega(\mathbb{C}^n, \mathcal{O})$$

est un faisceau.

c) Ce faisceau est isomorphe au faisceau B des hyperfonctions.

Démonstration.

a), b) : Soit Ω un ouvert borné de $\mathbb{R}^n$.

On a la suite exacte (théorème B 35)

$$\dots \longrightarrow H^p_{\partial\Omega}(\mathbb{C}^n, \mathcal{O}) \longrightarrow H^p_{\bar{\Omega}}(\mathbb{C}^n, \mathcal{O}) \longrightarrow H^p(\mathbb{C}^n, \mathcal{O}) \longrightarrow H^{p+1}_{\partial\Omega}(\mathbb{C}^n, \mathcal{O}) \longrightarrow \dots$$

Comme $\bar{\Omega}$ et $\partial\Omega$ sont des compacts réels qui vérifient par suite les hypothèses du théorème 411 on a :

$$H^p_\Omega(\mathbb{C}^n, \mathcal{O}) = 0 \qquad p < n-1$$

et on a la suite exacte :

$$0 \longrightarrow H^{n-1}_\Omega(\mathbb{C}^n, \mathcal{O}) \longrightarrow H^n_{\partial\Omega}(\mathbb{C}^n, \mathcal{O})$$
$$\longrightarrow H^n_{\bar{\Omega}}(\mathbb{C}^n, \mathcal{O}) \longrightarrow H^n_\Omega(\mathbb{C}^n, \mathcal{O}) \longrightarrow 0$$

Comme le morphisme

$$H^n_{\partial\Omega}(\mathbb{C}^n, \mathcal{O}) \longrightarrow H^n_{\bar{\Omega}}(\mathbb{C}^n, \mathcal{O})$$

est isomorphe au morphisme

$$\mathfrak{A}'(\partial\Omega) \longrightarrow \mathfrak{A}'(\bar{\Omega})$$

qui est injectif, on a

$$H^{n-1}_{\Omega}(\mathbb{C}^n, \mathcal{O}) = 0 .$$

Considérons alors les faisceaux sur $\mathbb{R}^n$:

$$\underline{H}^p_{\mathbb{R}^n}(\mathbb{C}^n, \mathcal{O})$$

associés aux préfaisceaux

$$\Omega \longrightarrow H^p_{\Omega}(\mathbb{C}^n, \mathcal{O})$$

Ces faisceaux sont nuls pour $p < n$ et comme $H^p_{\Omega}(\mathbb{C}^n, \mathcal{O}) = 0$ si $p > n$ d'après le lemme 412, les parties a) et b) du théorème résultent du théorème B 36.

c) Soit Ω un ouvert de $\mathbb{R}^n$.

De la suite exacte :

$$0 \longrightarrow H^n_{\partial\Omega}(\mathbb{C}^n, \mathcal{O}) \longrightarrow H^n_{\bar{\Omega}}(\mathbb{C}^n, \mathcal{O}) \longrightarrow H^n_{\Omega}(\mathbb{C}^n, \mathcal{O}) \longrightarrow 0$$

on déduit que le faisceau

$$\underline{H}^n_{\mathbb{R}^n}(\mathbb{C}^n, \mathcal{O})$$

est flasque.

Si K est un compact réel, le groupe $H^n_K(\mathbb{C}^n, \mathcal{O})$ est isomorphe à $\mathfrak{a}'(K)$ d'après le théorème 411 . Donc pour tout ouvert borné les groupes

$$H^n_{\Omega}(\mathbb{C}^n, \mathcal{O}) = \frac{H^n_{\bar{\Omega}}(\mathbb{C}^n, \mathcal{O})}{H^n_{\partial\Omega}(\mathbb{C}^n, \mathcal{O})}$$

et

$$B(\Omega) = \frac{\mathfrak{a}'(\bar{\Omega})}{\mathfrak{a}'(\partial\Omega)}$$

sont isomorphes.

Par suite les faisceaux

$$\underline{H}^n_{\mathbb{R}^n}(\mathbb{C}^n, \mathcal{O}) \quad \text{et} \quad B$$

sont isomorphes.

Soit ρ l'isomorphisme

$$\underline{H}^{n}_{\mathbb{R}^n}(\mathbb{C}^n, \mathcal{O}) \xrightarrow[\rho]{} B .$$

Soit Ω un ouvert de $\mathbb{R}^n$ et $\tilde{\Omega}$ un ouvert de $\mathbb{C}^n$ avec $\tilde{\Omega} \cap \mathbb{R}^n = \Omega$.

En utilisant la résolution de $\mathcal{O}$ par les $B^{o,p}$ on voit que l'on a un isomorphisme (encore noté ρ) :

$$\rho \ \frac{B^{o,n}_{\Omega}(\tilde{\Omega})}{\bar{\partial} B^{o,n-1}_{\Omega}(\tilde{\Omega})} \xrightarrow{\sim} B(\Omega) .$$

L'isomorphisme réciproque est celui qui à $T \in B(\Omega)$ fait correspondre la classe de

$$(T \otimes \delta_y) \ d\bar{z}_1 \wedge \dots \wedge d\bar{z}_n$$

modulo $\bar{\partial} \ B^{o,n-1}_{\Omega}(\tilde{\Omega})$.

Pour le voir il suffit de le vérifier sur les sections à support compact.

Désignons par $\mathfrak{A}(K \times \{0\})$ l'espace des fonctions analytiques au voisinage de K dans $\mathbb{R}^{2n}$ (i, e : le dual de $B_K(\mathbb{R}^{2n})$.

L'isomorphisme

$$\frac{B^{o,n}_{K}(\mathbb{R}^{2n})}{\bar{\partial} \ B^{o,n-1}_{K}(\mathbb{R}^{2n})} \xrightarrow[\rho]{} \mathfrak{A}'(K)$$

est le transposé de

$$\mathfrak{A}(K) \longrightarrow \left\{ f \in \mathfrak{A}(K \times \{0\}) \quad \bar{\partial} f = 0 \right\}$$

c'est-à-dire

$$\mathfrak{A}(K) \longrightarrow H(K) \longrightarrow \mathfrak{A}^{(o,o)}(K \times \{0\})$$

et la transposée de l'application

$$H(K) \longrightarrow \mathfrak{A}(K)$$

est l'application

$$T \longrightarrow \text{classe de } \ (T * \delta y)\, d\bar{z}_1 \wedge \ \dots \wedge d\bar{z}_n \ \text{ modulo} \left[\bar{\partial}\, B_K^{\circ,n-1}(\mathbb{R}^{2n})\right].$$

§ 2. - Utilisation de la cohomologie de ČECH.

a) L'application "valeur au bord".

Soit Ω un ouvert de $\mathbb{R}^n$, $\tilde{\Omega}$ un ouvert d'holomorphie de $\mathbb{C}^n$ avec

$$\tilde{\Omega} \cap \mathbb{R}^n = \Omega$$

On a la suite exacte :

$$H^{n-1}(\tilde{\Omega}, \mathcal{O}) \longrightarrow H^n(\tilde{\Omega}-\Omega, \mathcal{O}) \xrightarrow[\delta]{} H^n_\Omega(\tilde{\Omega}, \mathcal{O}) \longrightarrow H^n(\tilde{\Omega}, \mathcal{O}) = 0 \ .$$

Si $n = 1$ on trouve

$$H^1_\Omega(\tilde{\Omega}, \mathcal{O}) = \frac{H(\tilde{\Omega}-\Omega)}{H(\tilde{\Omega})}$$

et si $n > 1$ δ est un isomorphisme :

$$H^{n-1}(\tilde{\Omega}-\Omega, \mathcal{O}) \xrightarrow{\sim} H^n_\Omega(\tilde{\Omega}, \mathcal{O})$$

Rappelons, en utilisant la résolution de $\mathcal{O}$ par les faisceaux $B^{\circ,p}$, la construction de δ :

On considère le complexe double ci-dessous dont les lignes sont exactes :

$$\begin{array}{ccccccccc}
 & & 0 & & 0 & & 0 & & \\
 & & \downarrow & & \downarrow & & \downarrow & & \\
0 & \rightarrow & H^\circ_\Omega(\tilde{\Omega}, \mathcal{O}) = 0 & \rightarrow & H(\tilde{\Omega}) & \rightarrow & H(\tilde{\Omega}-\Omega) & & \\
 & & \downarrow & & \downarrow & & \downarrow & & \\
0 & \rightarrow & B^{\circ,\circ}_\Omega(\tilde{\Omega}) & \rightarrow & B^{\circ,\circ}(\tilde{\Omega}) & \rightarrow & B^{\circ,\circ}(\tilde{\Omega}-\Omega) & \rightarrow & 0 \\
 & & \bar{\partial}\downarrow\vdots & & \bar{\partial}\downarrow\vdots & & \bar{\partial}\downarrow\vdots & & \\
0 & \rightarrow & B^{\circ,n-1}_\Omega(\tilde{\Omega}) & \rightarrow & B^{\circ,n-1}(\tilde{\Omega}) & \rightarrow & B^{\circ,n-1}(\tilde{\Omega}-\Omega) & \rightarrow & 0 \\
 & & \bar{\partial}\downarrow & & \bar{\partial}\downarrow & & \bar{\partial}\downarrow & & \\
0 & \rightarrow & B^{\circ,n}_\Omega(\tilde{\Omega}) & \rightarrow & B^{\circ,n}(\tilde{\Omega}) & \rightarrow & B^{\circ,n}(\tilde{\Omega}-\Omega) & \rightarrow & 0 \\
 & & \downarrow & & \downarrow & & \downarrow & & \\
 & & 0 & & 0 & & 0 & &
\end{array}$$

Soit $\dot{T} \in H^{n-1}(\tilde{\Omega}-\Omega, \Theta)$ et $T \in B^{\circ,n-1}(\tilde{\Omega}-\Omega)$ un représentant de $\dot{T}$ (donc $\bar{\partial}\, T = 0$) .

Soit $\overline{T} \in B^{\circ,n-1}(\tilde{\Omega})$ un prolongement de T. $\bar{\partial}\,\overline{T} \in B^{\circ,n}_{\Omega}(\tilde{\Omega})$ sera un représentant de $\delta\dot{T}$ dans $\dfrac{B^{\circ,n}_{\Omega}(\tilde{\Omega})}{\bar{\partial}\, B^{\circ,n-1}_{\Omega}(\tilde{\Omega})} \simeq H^n_{\Omega}(\tilde{\Omega}, \Theta)$.

Soit maintenant $\mathcal{U}$ un recouvrement de $\tilde{\Omega}-\Omega$ par des ouverts d'holomorphie. Comme une intersection finie d'ouverts d'holomorphie est un ouvert d'holomorphie (19) et que si ω est un tel ouvert on a $H^p(\omega, \Theta) = 0$ $\forall p > 0$, le recouvrement $\mathcal{U}$ sera "acyclique" (définition B 51). D'après le théorème de LERAY (B 52) il existera un isomorphisme λ :

$$\lambda : H^{n-1}(\mathcal{U}, \Theta) \longrightarrow H^{n-1}(\tilde{\Omega}-\Omega, \Theta)$$

Nous allons considérer un recouvrement $\mathcal{U}$ particulier.

On pose :

$$\Omega_i = \tilde{\Omega} \cap \left\{ z \in \mathbb{C}^n , \quad \operatorname{Im} z_i \neq 0 \right\}$$

$$\mathcal{U} = (\tilde{\Omega}_i)_{i=1}^n$$

$\mathcal{U}$ est un recouvrement acyclique de $\tilde{\Omega}-\Omega$ par n ouverts (mais par 2^n ouverts connexes).

On a donc

$$C^n(\mathcal{U}, \Theta) = \{0\}$$

(puisque les n-cochaines sont des éléments alternés de n + 1 indices pris dans l'ensemble $\{1 , \ldots . n\}$) .

Posons

$$\tilde{\Omega} \# \Omega = \tilde{\Omega}_{1, \ldots n} = \bigcap_{i=1}^{n} \tilde{\Omega}_i$$

$$\tilde{\Omega}^i = \tilde{\Omega}_{1, \ldots \hat{i}, \ldots n} = \bigcap_{j \neq i} \tilde{\Omega}_j .$$

On a un isomorphisme :

$$C^{n-1}(\mathcal{U}, \mathcal{O}) \longrightarrow H(\tilde{\Omega} \# \Omega)$$

$$f \longrightarrow f_{1, \dots n}$$

et un isomorphisme

$$C^{n-2}(\mathcal{U}, \mathcal{O}) \longrightarrow \prod_{i=1}^{n} H(\tilde{\Omega}^{i})$$

$$f \longrightarrow (f_{1 \dots \hat{\imath} \dots n})_{i=1}^{n}$$

(avec la convention que ces deux derniers groupes sont nuls pour n = 1).

L'image de l'application

$$\delta \quad C^{n-2}(\mathcal{U}, \mathcal{O}) \longrightarrow C^{n-1}(\mathcal{U}, \mathcal{O})$$

par ces isomorphismes est l'application que nous noterons $\sum'$:

$$\prod_{i=1}^{n} H(\tilde{\Omega}^{i}) \longrightarrow H(\tilde{\Omega} \# \Omega)$$

$$(f_{1 \dots \hat{\imath} \dots n})_{i=1}^{n} \longrightarrow \sum_{i=1}^{n} (-1)^{i+1} f'_{1 \dots \hat{\imath} \dots n}$$

où $f'_{1 \dots \hat{\imath} \dots n}$ est la restriction de $f_{1 \dots \hat{\imath} \dots n}$ à $\tilde{\Omega} \# \Omega$.

Nous désignerons par

$$\sum_{i} H(\tilde{\Omega}^{i})$$

l'image de l'application $\sum'$. Elle est égale à l'image de l'application

$$(f_{1 \dots \hat{\imath} \dots n})_{i=1}^{n} \longrightarrow \sum_{i=1}^{n} f'_{1 \dots \hat{\imath} \dots n} .$$

On a donc un isomorphisme

$$\frac{H(\tilde{\Omega} \# \Omega)}{\sum_{i} H(\tilde{\Omega}^{i})} \xrightarrow{\sim} H^{n-1}(\mathcal{U}, \mathcal{O})$$

Désignons par μ l'application

$$H(\tilde{\Omega} \# \Omega) \longrightarrow H^{n-1}(\mathcal{U}, \Theta)$$

ainsi définie .

Considérons l'application de

$$H(\tilde{\Omega} \# \Omega) \quad \text{dans} \quad B(\Omega) :$$

$$H(\tilde{\Omega}\#\Omega) \xrightarrow[\mu]{} H^{n-1}(\mathcal{U}, \Theta) \xrightarrow[\lambda]{} H^{n-1}(\tilde{\Omega}-\Omega, \Theta) \xrightarrow[\delta]{} H^n_{\Omega}(\tilde{\Omega}, \Theta) \xrightarrow[\rho]{} B(\Omega) .$$

DÉFINITION 421.

On pose

$$b = \left(\frac{2}{i}\right)^n \rho \circ \delta \circ \lambda \circ \mu$$

Si $f \in H(\tilde{\Omega}\# \Omega)$, $b(f)$ s'appelle la valeur au bord de f.

Remarquons que si $n = 1$ et si K est un compact de Ω , b induit une application

$$H(\tilde{\Omega}- K) \longrightarrow \mathfrak{A}'(K)$$

qui est celle définie au chapitre 2, § 1 dans le cas de l'opérateur

$$\frac{2}{i} \frac{\partial}{\partial \bar{z}} = \frac{\partial}{\partial y} - i \frac{\partial}{\partial x}$$

b) Propriétés de l'opérateur b.

Pour étudier l'application b nous avons besoin de revenir sur l'isomorphisme de LERAY λ .

Rappelons comment il est construit.

Considérons le complexe double :

$$
\begin{array}{ccccccccccc}
 & & 0 & & 0 & & & & 0 & & 0 \\
 & & \downarrow & & \downarrow & & & & \downarrow & & \downarrow \\
0 & \longrightarrow & H(\tilde{\Omega}-\Omega) & \longrightarrow & B^{0,0}(\tilde{\Omega}-\Omega) & \xrightarrow[\bar{\partial}]{} & \cdots & & B^{0,n-1}(\tilde{\Omega}-\Omega) & \longrightarrow & B^{0,n}(\tilde{\Omega}-\Omega) \longrightarrow 0 \\
 & & \downarrow & & \downarrow & & & & & & \\
0 & \longrightarrow & C^{0}(\mathcal{U}, \mathcal{O}) & \longrightarrow & C^{0}(\mathcal{U}, B^{0,0}) & \xrightarrow[\bar{\partial}]{} & \cdots & & & & \\
 & & \delta\downarrow & & \delta\downarrow & & & & & & \\
0 & \longrightarrow & C^{1}(\mathcal{U}, \mathcal{O}) & \longrightarrow & C^{1}(\mathcal{U}, B^{0,0}) & \xrightarrow[\bar{\partial}]{} & \cdots & & & & \\
 & & \vdots & & \vdots & & & & & & \\
 & & \downarrow & & & & & & & & \\
0 & \longrightarrow & C^{n-2}(\mathcal{U}, \mathcal{O}) & \longrightarrow & C^{n-2}(\mathcal{U}, B^{0,0}) & \xrightarrow[\bar{\partial}]{} & \cdots & & & & \\
 & & \delta\downarrow & & \delta\downarrow & & & & & & \\
0 & \longrightarrow & C^{n-1}(\mathcal{U}, \mathcal{O}) & \longrightarrow & C^{n-1}(\mathcal{U}, B^{0,0}) & \xrightarrow[\bar{\partial}]{} & \cdots & & & & \\
 & & \downarrow & & \downarrow & & & & & & \\
 & & 0 & & 0 & & & & & &
\end{array}
$$

Soit $f \in H(\tilde{\Omega} - \Omega)$ $n > 1$.

On définit

$$f_p \in C^p(\mathcal{U}, B^{0,n-p-1})$$

en posant

$$(f_{n-1})_{1 \ldots n} = f$$

$$f_p = \bar{\partial} g_p \qquad p < n-1$$

où $g_p \in C^p(\mathcal{U}, B^{0,n-p-2})$ est una solution de

$$\delta g_p = f_{p+1}$$

$$\begin{array}{ccc} C^p(\mathcal{U}, B^{\circ,n-p-2}) & \xrightarrow[\bar\partial]{} & C^p(\mathcal{U}, B^{\circ,n-p-1}) \\ \downarrow \delta & & \\ C^{p+1}(\mathcal{U}, B^{\circ,n-p-2}) & & \end{array} \qquad \begin{array}{ccc} g_p & \xrightarrow[\bar\partial]{} & f_p \\ \downarrow \delta & & \\ f_{p+1} & & \end{array}$$

Les solutions g_p existent puisque $\delta f_p = 0 \quad \forall p$ et que les colonnes du complexe double sont toutes, sauf la première, exactes.

Finalement on obtient :

$$f_o \in C^\circ(\mathcal{U}, B^{\circ,n-1}) \qquad \delta f_o = 0$$

donc f_o définit un élément de $B^{\circ,n-1}(\tilde{\Omega} - \Omega)$ (encore noté f_o) tel que

$\bar\partial f_o = 0$. La classe de f_o modulo $\bar\partial B^{\circ,n-2}(\tilde{\Omega} - \Omega)$ sera $\lambda(f)$.

Ce procédé de construction s'appelle "processus de WEIL".

LEMME 421.

Soit $\tilde{\Omega} \subset \mathbb{C}^n$, $\tilde{\Omega}' \subset \mathbb{C}$

$\tilde{\Omega} \cap \mathbb{R}^n = \Omega$, $\tilde{\Omega}' \cap \mathbb{R} = \Omega'$

$f \in H(\tilde{\Omega} \# \Omega)$, $f' \in H(\tilde{\Omega}' - \Omega')$.

Si $f \otimes f' \in H(\tilde{\Omega} \times \tilde{\Omega}' \# \Omega \times \Omega')$ est défini

par

$$(f \otimes f') \quad (z, z') = f(z) \quad f'(z')$$

On a

$$b(f \otimes f') = b(f) \otimes b(f')$$

Démonstration.

Soit $\mathcal{U} = (\tilde{\Omega}_i)_{i=1}^{n}$, $\mathcal{U}' = (\tilde{\Omega}' - \Omega')$ et $\mathcal{U}''$ le recouvrement de $\tilde{\Omega}'' - \Omega''$ (où $\tilde{\Omega}'' = \tilde{\Omega} \times \tilde{\Omega}'$, $\Omega'' = \Omega \times \Omega'$) par les ouverts :

$$\tilde{\Omega}''_i = \tilde{\Omega}_i \times \tilde{\Omega}' \qquad i \leq n$$

$$\tilde{\Omega}''_{n+1} = \tilde{\Omega} \times (\tilde{\Omega}' - \Omega')$$

On écrira encore B pour le faisceau des hyperfonctions sur $\mathbb{R}^{2(n+1)}$ et de même on désignera encore par $\bar{\partial}$ et δ la différentielle (en $d\bar{z}$) et l'opérateur de cobord "dans" $\mathbb{C}^{n+1}$.

Supposons provisoirement $n > 1$.

Soit (f_p, g_p) les éléments d'un processus de WEIL partant de f et aboutissant à $\lambda(f)$

$$f_p \in C^p(\mathcal{U}, B^{\circ,n-p-1})$$

$$g_p \in C^p(\mathcal{U}, B^{\circ,n-p-2})$$

$$\bar{\partial}\, g_p = f_p \qquad\qquad \delta g_p = f_{p+1}$$

$$(f_{n-1})_{1 \ldots n} = f \qquad\qquad f_o \in B^{\circ,n-1}(\tilde{\Omega} - \Omega) .$$

$$f''_p \in C^p(\mathcal{U}'', B^{n+1-p-1})$$

$$g''_p \in C^p(\mathcal{U}'', B^{n+1-p-2})$$

par :

$$f''_{i_o \dots i_p} = 0 \quad \text{si} \quad n+1 \notin (i_o \dots\dots i_p)$$

$$f''_{i_o \dots i_{p-1}, n+1} = f_{i_o \dots i_{p-1}} \otimes f'$$

$$g''_{i_o \dots i_p} = 0 \quad \text{si} \quad n+1 \notin (i_o \dots i_p)$$

$$g''_{i_o \dots i_{p-1}, n+1} = g_{i_o \dots i_{p-1}} \otimes f'$$

On a

$$\bar{\partial} g''_p = f''_p$$

$$\delta g''_p = f''_{p+1}$$

puisque

$$\bar{\partial} (g_{i_o \dots i_{p-1}} \otimes f') = (\bar{\partial} g_{i_o \dots i_{p-1}}) \otimes f'$$

et

$$(\delta g''_p)_{i_o \dots i_{p,n+1}} = \sum_{j=o}^{p} (-1)^j \, g''_{i_o \dots \hat{i}_j \dots i_p, n+1}$$

puisque $g''_{i_o \dots i_p} = o$ si $(n+1) \notin (i_o \dots i_p)$

et le dernier terme de l'égalité vaut

$$(\delta g_{p-1})_{i_o \dots i_p} \otimes f'$$

On trouve finalement

$$f''_1 \in C^1(\mathcal{U}'', B^{o,n-1})$$

$$(f''_1)_{i,j} = 0 \quad \text{si} \quad n+1 \notin (i, j)$$

$$(f''_1)_{i,n+1} = f_i \otimes f' \qquad i < n+1$$

avec $f_i = f_j$ sur $\tilde{\Omega}_i \cap \tilde{\Omega}_j$.

Soit $f_o \in B^{o,n-1}(\tilde{\Omega}-\Omega)$ tel que $f_o \big|_{\tilde{\Omega}_i} = f_i$.

On peut désormais supposer $n \geqslant 1$.

Si $n = 1$ la démonstration commence maintenant.

On définit g''_o ainsi:

soit $\overline{f_o}$ un prolongement de f_o à $B^{o,n-1}(\tilde{\Omega})$.

Posons

$$(g''_o)_i = o \ , \ (g''_o)_{n+1} = \overline{f_o} \otimes f' \ (i < n+1) .$$

Alors

$$(\delta g''_o)_{i,\, n+1} = f_i \otimes f' \qquad i < n+1$$

$$(\delta g''_o)_{i,j} = 0 \qquad i, j < n+1$$

Donc
$$\delta g''_o = f''_1$$

Soit
$$f''_o = \bar{\partial} g''_o$$

f''_o définit un élément de $B^{o,n}(\tilde{\Omega}'' - \Omega'')$, $\bar{\partial}\overline{f_o} \otimes f'$, dont la classe modulo $\bar{\partial}\, B^{o,n-1}(\tilde{\Omega}'' - \Omega'')$ est $\lambda(f'')$ (avec $f'' = f \otimes f'$) car les (f''_p, g''_p) sont les éléments d'un processus de WEIL issu de f'' .

Soit $\overline{f'} \in B(\tilde{\Omega}')$ un prolongement de f' et

$$\overline{f''_o} = \bar{\partial}\, \overline{f_o} \otimes \overline{f'} \in B^{o,n}(\tilde{\Omega}'')$$

$\overline{f''_o}$ est un prolongement de f''_o .

D'après la définition de b on a :

$$\bar{\partial}\,\overline{f_o} = \left[\left(\frac{i}{2}\right)^n b(f) \otimes \delta_y + \sum_{i=1}^{n} \frac{\partial}{\partial \bar{z}_i} T_i \right] d\bar{z}_1 \wedge \dots \wedge d\bar{z}_n$$

$$\bar{\partial}\,\overline{f'} = \left[\frac{i}{2}\, b(f') \otimes \delta_{y'} + \frac{\partial}{\partial \bar{z}'} T \right] d\bar{z}'$$

avec $T_i \in B_{\Omega}(\tilde{\Omega})$ $T' \in B_{\Omega'}(\tilde{\Omega}')$ donc

$$\bar{\partial} \bar{f}''_o = \bar{\partial} \bar{f}_o \otimes \bar{\partial} \bar{f}' =$$

$$\left[(\frac{i}{2})^{n+1} b(f) \otimes b(f') \otimes \delta_y \otimes \delta_{y'} + \sum_{i=1}^{n} \frac{\partial}{\partial \bar{z}_i} \tilde{T}_i + \frac{\partial}{\partial \bar{z}'} \tilde{T}' \right] d\bar{z}_1 \wedge \ldots d\bar{z}_n \wedge d\bar{z}'$$

avec $\tilde{T}_i, \tilde{T}' \in B_{\Omega''}(\tilde{\Omega}'')$

Par suite

$$b(f'') = b(f) \otimes b(f').$$

<u>LEMME 422.</u>

<u>Soit</u> $f \in H(\tilde{\Omega} \# \Omega)$, $h \in H(\tilde{\Omega})$.

<u>Désignons encore par</u> h <u>la restriction de</u> h <u>à</u> Ω . <u>Alors</u>

$$b(h f) = h\, b(f) .$$

<u>Démonstration.</u>

Soit (f_p , g_p) les éléments d'un processus de WEIL partant de f et aboutissant à $\lambda(f)$. Pour voir que $(h f_p, h g_p)$ sont les éléments d'un processus de WEIL partant de $h f$ et aboutissant à $h \lambda(f)$ il faut vérifier que :

$$\bar{\partial} h g_p = h \bar{\partial} g_p$$

$$\delta h g_p = h \delta g_p$$

ce qui est évident.

La vérification de ce que la multiplication par h commute avec δ et ρ est laissée au lecteur (pour ρ on remarque que

$$\rho^{-1}(h(x)T) = (h(x)T\otimes\delta_y)d\bar{z}_1 \wedge \ldots . \wedge d\bar{z}_n = h(z)\left[T\otimes\delta_y\right]d\bar{z}_1 \wedge \ldots \wedge d\bar{z}_n) .$$

On démontrerait de même que si $P(D_x)$ est un opérateur différentiel, $P(D_z)$ son complexifié, on a :

$$b(P(D_z)f) = P(D_x)\, b(f)$$

Donc si $P(x, D_x)$ est un opérateur différentiel dont les coefficients se prolongent en fonctions holomorphes sur $\tilde{\Omega}$:

$$b(P(z, D_z)f) = P(x, D_x)\, b(f)$$

<u>LEMME 423.</u>

<u>Supposons que</u> $\tilde{\Omega}$ <u>soit un tube convexe</u> : $\tilde{\Omega} = \mathbb{R}^n \times i\omega$

<u>Soit</u> $u \in \mathcal{O}\!\mathcal{C}'(\mathbb{R}^n)$ <u>et</u> $f \in H(\tilde{\Omega} \# \Omega)$. <u>Alors</u>

$$b(u * f) = u * b(f)$$

$((u * f)(z) = \langle u_t, f(z-t)\rangle$. Si

$f \in H(\tilde{\Omega} \# \Omega)$, $u * f \in H(\tilde{\Omega} \# \Omega))$.

<u>Démonstration.</u>

Là encore nous montrerons seulement que $u*$ commute avec λ .

Soit (f_p, g_p) les éléments d'un processus de WEIL issu de f. Il faut vérifier que

$$\bar{\partial}(u * g_p) = u * \bar{\partial} g_p$$

$$\delta(u * g_p) = u * \delta g_p \ .$$

La première égalité est évidente et la seconde résulte de ce que si $\tilde{\Omega}_1 \subset \tilde{\Omega}_2$ sont deux tubes :

$$\tilde{\Omega}_1 = \mathbb{R}^n \times i\,\omega_1$$
$$\tilde{\Omega}_2 = \mathbb{R}^n \times i\,\omega_2$$
$$\omega_1 \subset \omega_2$$

et si $h \in H(\tilde{\Omega}_2)$, $u \in \mathcal{O}\!\mathcal{C}'(\mathbb{R}^n)$, on a :

$$(u * h) \Big| \tilde{\Omega}_1 = u * (h \Big| \tilde{\Omega}_1)$$

puisque alors :

$$(\delta (u * g))_{i_o \dots i_{p+1}} = \sum_{j=1}^{n} (-1)^j (u * g)_{i_o \dots \hat{\imath}_j \dots i_{p+1}} \Big| \tilde{\Omega}_{i_o \dots i_{p+1}}$$

$$= u * \left[\sum_{j=1}^{n} (-1)^j g_{i_o \dots \hat{\imath}_j \dots i_{p+1}} \right] \Big| \tilde{\Omega}_{i_o \dots i_{p+1}}$$

THÉORÈME 421.

a) *Soit* $\tilde{\Omega}$ *un ouvert d'holomorphie de* $\mathbb{C}^n, \Omega = \tilde{\Omega} \cap \mathbb{R}^n$.

L'application

$$b : H(\tilde{\Omega} \# \Omega) \to B(\Omega)$$

est surjective et son noyau est $\sum_i H(\tilde{\Omega}^i)$ si $n > 1$, $H(\tilde{\Omega})$ si $n = 1$.

b) *Soit* $u \in \mathcal{O}\!\mathcal{C}'(\mathbb{R}^n)$. *Posons*

$$\tilde{u}(z) = \left(\frac{1}{2i\pi}\right) \left\langle u_t , \frac{1}{(t_1 - z_1)\dots(t_n - z_n)} \right\rangle$$

Alors $\tilde{u} \in H(\mathbb{C}^n \# \mathbb{R}^n)$ *et*

$$b(\tilde{u}) = u.$$

c) *Soit* $g \in \mathcal{O}\!\mathcal{C}(\Omega)$. *Il existe un ouvert d'holomorphie* $\tilde{\Omega}$ *tel que* g *se prolonge à* $H(\tilde{\Omega})$ *et* $\tilde{\Omega} \cap \mathbb{R}^n = \Omega$.

Soit alors

$$\tilde{\Omega}_{\varepsilon} = \left\{ z \in \tilde{\Omega} \;\middle|\; \varepsilon \operatorname{Im} z > 0 \right\}$$

où $\varepsilon = (\varepsilon_1, \ldots, \varepsilon_n)$ $\varepsilon_i = \pm 1$, et g_{ε} la fonction de $H(\tilde{\Omega} \# \Omega)$ qui vaut 0 sur toutes les composantes connexes de $\tilde{\Omega} \# \Omega$ sauf $\tilde{\Omega}_{\varepsilon}$ où elle est égale à $g_{\varepsilon} \mid \tilde{\Omega}_{\varepsilon}$.

Posons $\|\varepsilon\| = \varepsilon_1 \ldots \varepsilon_n$.

Alors

$$b(g_{\varepsilon}) = \|\varepsilon\| \, g .$$

Démonstration.

a) a été démontré au paragraphe 2 a).

b) D'après le lemme 423 il suffit de démontrer que :

$$b\left(\frac{1}{z_1 \ldots z_n}\right) = (-2i\pi)^n \, \delta_{x_1} \otimes \ldots \otimes \delta_{x_n}$$

et comme

$$\frac{1}{z_1 \ldots z_n} = \frac{1}{z_1} \otimes \ldots \otimes \frac{1}{z_n}$$

il suffit d'après le lemme 421 de démontrer ce résultat pour $n = 1$, mais comme $\frac{1}{z}$ est localement sommable dans $\mathbb{R}^2$, $\frac{1}{z}$ se prolonge en distribution sur $\mathbb{R}^2$ et on a (corollaire du théorème A 31)

$$\bar{\partial}\left(\frac{-1}{2i\pi} \; \frac{1}{z}\right) = \frac{i}{2}(\delta_x \otimes \delta_y) \, d\bar{z}$$

d'où $b\left(\frac{-1}{2i\pi} \; \frac{1}{z}\right) = \delta_x$.

c) D'après le lemme 422 il suffit de démontrer ce résultat pour $g = 1$ mais alors :

$$g_\varepsilon = 1^{\varepsilon_1} \otimes \ldots \otimes 1^{\varepsilon_n}$$

où 1^ε est la fonction caractéristique du demi-plan supérieur ou inférieur dans $\mathbb{C}$ suivant que $\varepsilon = +1$ ou $\varepsilon = -1$.

D'après le lemme 411 il suffit de vérifier que (dans $\mathbb{C}$) :

$$\frac{\partial}{\partial \bar{z}} 1^\varepsilon = \varepsilon \frac{i}{2} (1_x \otimes \delta_y)$$

Si Y^ε désigne la fonction caractéristique de la demi-droite positive ou négative suivant que $\varepsilon = +1$ ou $\varepsilon = -1$, on a :

$$\begin{aligned} \frac{\partial}{\partial \bar{z}} 1^\varepsilon &= \frac{\partial}{\partial \bar{z}} 1_x \otimes Y^\varepsilon \\ &= \varepsilon \frac{i}{2} 1_x \otimes \frac{\partial}{\partial_y} Y \\ &= \varepsilon \frac{i}{2} 1_x \otimes \delta_y . \end{aligned}$$

c) Représentation des fonctionnelles analytiques.

Soit K un compact de $\mathbb{C}^n$ de la forme

$$K = K_1 \times \ldots \times K_n .$$

Comme K admet un système fondamental de voisinages d'holomorphie,

$$H^i(K, \mathcal{O}) = 0 \qquad i > 0$$

D'après le théorème 411 il existe un isomorphisme :

$$H^n_K(\mathbb{C}^n, \mathcal{O}) \longrightarrow H'(K) .$$

Soit Ω un ouvert d'holomorphie contenant K et posons :

$$\Omega_i = \Omega \cap \left\{ z \in \mathbb{C}^n, \quad z_i \notin K_i \right\}$$

Les $(\Omega_i)_{i=1}^n$ forment un recouvrement acyclique $\mathcal{U}$ de $\Omega - K$.

Posons

$$\Omega^i = \bigcap_{j \neq i} \Omega_i$$

$$\Omega \# K = \bigcap_{i=1}^{n} \Omega_i$$

Soit $\sum_i H(\Omega^i)$ l'image dans $H(\Omega \# K)$ de $\prod_{i=1}^{n} H(\Omega^i)$ par l'application :

$$(f_i)_{i=1}^n \longrightarrow \sum_{i=1}^{n} (-1)^{i+1} f_i'$$

où f_i' désigne la restriction de f_i à $\Omega \# K$.

On peut définir comme au paragraphe 2a des applications :

$$H(\Omega \# K) \xrightarrow[\mu]{} H^{n-1}(\mathcal{U}, \mathcal{O}) \xrightarrow[\lambda]{} H^{n-1}(\Omega - K, \mathcal{O}) \xrightarrow[\delta]{} H^n_K(\mathbb{C}^n, \mathcal{O}) \xrightarrow[\rho]{} H'(K)$$

et poser

$$b = \left(\frac{2}{i}\right)^n \rho \circ \delta \circ \lambda \circ \mu .$$

THÉORÈME 422.

a) L'application

$$b : H(\Omega \# K) \longrightarrow H'(K)$$

est surjective et son noyau est $\sum_{i=1}^{n} H(\Omega^i)$ si $n > 1$, $H(\Omega)$ si $n = 1$.

b) Soit $u \in H'(K)$. Posons :

$$\tilde{u}(z) = \left(\frac{1}{2i\pi}\right)^n \left\langle u_\zeta , \frac{1}{(\zeta_1 - z_1) \ldots (\zeta_n - z_n)} \right\rangle$$

alors $\tilde{u} \in H(\Omega \# K)$ et

$$b(\tilde{u}) = u .$$

c) Soit $f \in H(\Omega \# K)$, $g \in H(K)$.

Soit $\omega = \omega_1 \times \ldots \times \omega_n$ un ouvert contenant K avec

$\omega \subset \Omega$, $g \in H(\omega)$.

Soit $\Gamma_i (i = 1 \dots n)$ des contours réguliers contenus dans ω_i entourant une fois K_i et orienté dans le sens usuel. On a :

$$\langle b(f), g \rangle = (-1)^n \int_{\Gamma_1} \dots \int_{\Gamma_n} f(z) g(z) dz_1 \dots dz_n$$

Démonstration.

a) et b) se démontrent comme le théorème 421 en modifiant légèrement les lemmes 421 et 423.

c) L'intégrale

$$\int_{\Gamma_1} \dots \int_{\Gamma_n} f(z)\, g(z)\, dz$$

ne dépend pas des contours choisis et définit une application linéaire :

$$b' : H(\Omega \# K) \longrightarrow H'(K)$$

nulle sur $\sum_i H(\Omega^i)$.

Il suffit donc d'après a) et b) de vérifier que si $u \in H'(K)$ on a :

$$b'(\tilde{u}) = u \ .$$

Mais :

$$(-1)^n \left(\frac{1}{2i\pi}\right)^n \int_{\Gamma_1} \dots \int_{\Gamma_n} \langle u_\xi , \frac{1}{z - \xi} \rangle g(z)\, dz$$

$$= \langle u_\xi , \left(\frac{1}{2i\pi}\right) \int_{\Gamma_1} \dots \int_{\Gamma_n} \frac{g(z)}{z - \xi}\, dz \rangle = \langle u , g \rangle$$

(Pour voir que le produit scalaire par u commute avec l'intégrale on peut représenter u par une mesure à support assez voisin de K).

d) Exemple et remarque.

Soit $n = 2$, $\tilde{\Omega} = \mathbb{C}^2$, $\Omega = \mathbb{R}^2$.

Désignons par ω_i ($i = 1, 2, 3, 4$) les demi-espaces $y_1 > 0$, $y_2 > 0$, $y_1 < 0$ $y_2 < 0$ et par $\omega_{i,j}$ les régions

$$\omega_{i,j} = \omega_i \cap \omega_j \quad .$$

Soit $\mathcal{U}$ le recouvrement

$$\mathcal{U} = (\omega_1 \cup \omega_3 \ , \ \omega_2 \cup \omega_4)$$

$H(\tilde{\Omega}\# \ \Omega\ )$ est l'ensemble des quadruplets :

$$(f_{1,2} \ , \ f_{2,3}, \ f_{3,4} \ , \ f_{4,1})$$

où $f_{i,j} \in H(\omega_{i,j})$

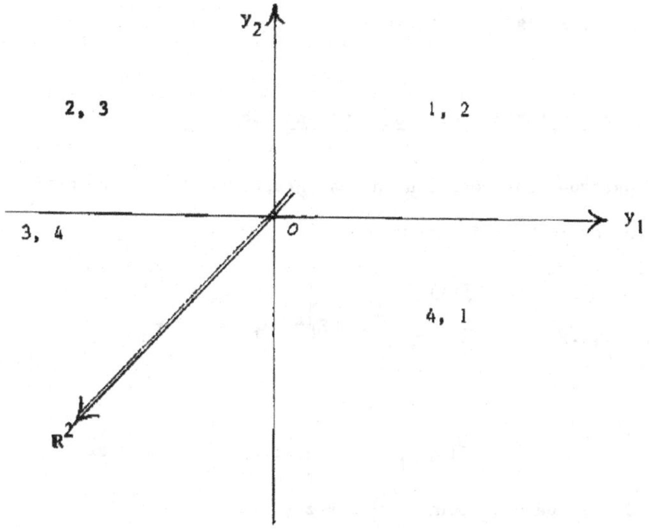

Dire que $b(f) = 0$ signifie qu'il existe des fonctions

$$f_i \in H(\omega_i) \quad i = 1, 2, 3, 4$$

avec

$$f_{1,2} = f_1 + f_2$$

$$f_{2,3} = f_2 + f_3$$

$$f_{3,4} = f_3 + f_4$$

$$f_{4,1} = f_4 + f_1 \quad .$$

Signalons que l'on peut recouvrire $\mathbb{C}^n - \mathbb{R}^n$ par n + 1 demi-espaces ouverts, ce qui permet de représenter les hyperfonctions sur $\mathbb{R}^n$ par un système de n + 1 fonctions holomorphes.

Ce nombre est le nombre minimum de fonctions nécessaires pour représenter la masse de Dirac à l'origine (28, p. 301).

§ 3. - Représentation des distributions (28).

Nous conservons les notations du paragraphe 2. $\tilde{\Omega}$ est un ouvert d'holomorphie qui rencontre $\mathbb{R}^n$ suivant Ω.

Soit $f \in H(\tilde{\Omega} \# \Omega)$, $\varphi \in \mathcal{D}(\Omega)$

$\varepsilon = (\varepsilon_1, \ldots . \varepsilon_n)$, $\varepsilon_i = \pm 1$, $\|\varepsilon\| = \varepsilon_1 \ldots . \varepsilon_n$.

On pose :

$$c_y^{\varepsilon}(f, \varphi) = \int_{\Omega} f(x + i\varepsilon y)\, \varphi(x) dx.$$

Cette intégrale est définie pour $|y|$ assez petit.

Supposons que $\forall\, \varphi \in \mathcal{D}(\Omega)$ $c_y^{\varepsilon}(f, \varphi)$ ait une limite $c^{\varepsilon}(f, \varphi)$ quand y tend vers 0 "par valeurs positives" (i.e. : $y_i > 0$ $i = 1 \ldots . n$).

Il résulte du théorème de Banach-Steinhaus qu'il existera une distribution $T_{\varepsilon} \in \mathcal{D}'(\Omega)$ telle que

$$\langle T_{\varepsilon}, \varphi \rangle = c^{\varepsilon}(f, \varphi) .$$

On désigne par

$$H(\widetilde{\Omega}\#\Omega,\ b')$$

le sous-espace de $H(\widetilde{\Omega}\#\Omega)$ des f tels que $C_y^{\varepsilon}(f, \varphi)$ ait une limite $\forall \varphi \in \mathcal{D}(\Omega), \forall \varepsilon$.

On pose alors

$$b'(f) = \sum_{\varepsilon} \|\varepsilon\| \ T_{\varepsilon}$$

Soit maintenant $H(\widetilde{\Omega}\#\Omega, \mathcal{D}')$ (resp. $H(\widetilde{\Omega}\#\Omega, C^{\circ})$) le sous-espace de $H(\widetilde{\Omega}\#\Omega)$ des fonctions dont la restriction à chaque composante connexe de $\widetilde{\Omega}\#\Omega$ se prolonge en distribution (resp. en fonction continue jusqu'au bord) au voisinage de Ω.

On a évidemment :

$$H(\widetilde{\Omega}\#\Omega, C^{\circ}) \subset H(\widetilde{\Omega}\#\Omega,\ b')$$

LEMME 431.

Soit $f \in H(\widetilde{\Omega}\#\Omega, C^{\circ})$.

Alors $b(f) \in C^{\circ}(\Omega)$ et

$b(f) = b'(f)$.

Démonstration.

Soit $\widetilde{\Omega}^{+} = \widetilde{\Omega} \cap \left\{y_1 > 0, \ldots y_n > 0\right\}$.

On peut pour simplifier supposer que f est nulle sur toutes les composantes connexes de $\widetilde{\Omega}\#\Omega$ sauf $\widetilde{\Omega}^{+}$.

$$f = (f^{+}, 0 \ldots, 0) .$$

Soit $\widetilde{1} = (1, 0 \ldots., 0) \in H(\widetilde{\Omega}\#\Omega)$.

Soit $1^{+}_{z_i}$ la fonction caractéristique de $\left\{y_i > 0\right\}$, 1_{x_i} celle de $\left\{y_i = 0\right\}$ dans $\mathbb{C}$.

D'après la démonstration du lemme 421 il existe un processus de WEIL $(1_p, 1'_p)$ partant de $\widetilde{1}$ aboutissant à

$$(\tfrac{i}{2})^{n-1}\left[1_{x_1}\otimes\delta_{y_1}\otimes 1_{x_2}\ \cdots\ \otimes 1_{x_{n-1}}\otimes\delta_{y_{n-1}}\otimes 1^{+}_{z_n}\right]d\bar z_1\wedge\ldots\wedge d\bar z_{n-1}\in B^{\circ,n-1}(\tilde\Omega-\Omega)$$

et tel que les 1_p et $1'_p$ soient combinaisons linéaires de produits tensoriels de

$$1^{+}_{z_i} \quad \text{et} \quad (1_{x_i}\otimes\delta_{y_i})d\bar z_i \ .$$

On peut donc poser

$$f_p = f.\,1_p \qquad g_p = f\,.\,1'_p \ .$$

Les (f_p, g_p) sont les éléments d'un processus de WEIL issu de f car :

$$\delta g_p = f_{p+1}$$

et

$$\bar\partial g_p = f_p \quad \text{résulte de :}$$

$$d\bar z_i\left[\left[f\ \ldots\otimes 1_{x_1}\otimes\delta_{y_i}\ \ldots\right]\ \ldots\ \wedge d\bar z_i\ \ldots\right] = 0$$

$$d\bar z_i\left[\left[f\ \ldots\otimes 1^{+}_{z_i}\otimes\ldots\right]\ \ldots\right] = \left[\tfrac{i}{2}f\ \ldots\otimes 1_{x_i}\otimes\delta_{y_i}\ \ldots\right]d\bar z_i\wedge\ldots$$

$$= f\,d\bar z_i\ [\ldots]\ .$$

Donc

$$f(\tfrac{i}{2})^{n-1}\left[1_{x_1}\otimes\delta_{y_1}\ \ldots\otimes\delta_{y_{n-1}}\otimes 1^{+}_{z_n}\right]d\bar z_1\wedge\ldots\wedge d\bar z_{n-1}$$

sera un représentant de $\lambda(f)$ dans $B^{\circ,n-1}(\tilde\Omega-\Omega)$.

Cet élément est naturellement prolongeable à $\tilde\Omega$ et si l'on applique $\bar\partial$ on trouve :

$$(\tfrac{i}{2})^n f\left[1_{x_1}\otimes\ldots\otimes\delta_{y_n}\right]d\bar z_1\wedge\ldots\wedge d\bar z_n = (\tfrac{i}{2})^n f(x)\otimes\delta_y\ d\bar z_1\wedge\ \ldots\wedge d\bar z_n\ .$$

Donc $b(f) = f|_{\Omega} = b'(f)$.

THÉORÈME 431.

On a :

$$H(\tilde{\Omega}\# \Omega, \mathcal{D}') = H(\tilde{\Omega}\#\Omega, b')$$

Si $f \in H(\tilde{\Omega}\#\Omega, \mathcal{D}')$, alors $\forall x \in \Omega$ $\exists \tilde{\omega}$ voisinage de x dans $\tilde{\Omega}$, $\exists p \in \mathbb{N}^n$, $g \in H(\tilde{\omega}\#\omega, C^\circ)$ avec :

$$D_z^p g = f .$$

Nous ne démontrerons pas ce théorème (28).

THÉORÈME 432.

Soit $f \in H(\tilde{\Omega}\#\Omega, b')$.

Alors $b(f) \in \mathcal{D}'(\Omega)$ et

$$b(f) = b'(f)$$

i, e : $\forall \varphi \in \mathcal{D}(\Omega)$,

$$\langle b(f), \varphi \rangle = \lim_{y \to 0} \sum_{\varepsilon} \|\varepsilon\| \int_{\Omega} f(x + i\,\varepsilon y_{\varepsilon}) \varphi(x)dx$$

où $\varepsilon = (\varepsilon_1, \ldots, \varepsilon_n)$ $\qquad \varepsilon_i = \pm 1$

$\|\varepsilon\| = \varepsilon_1 \cdot \ldots \cdot \varepsilon_n$.

Démonstration.

Il suffit de démontrer que tout point x de Ω a un voisinage ω tel que :

$$b(f|\tilde{\omega}\#\omega) \in \mathcal{D}'(\omega)$$

$$b(f|\tilde{\omega}\#\omega) = b'(f|\tilde{\omega}\#\omega)$$

Soit alors $g \in H(\omega\#\omega, C^\circ)$ et $p \in \mathbb{N}^n$, $D_z^p g = f$.

Un tel g existe pour $\tilde{\omega}$ suffisamment petit d'après le théorème 431. D'après le lemme 431 on a :

$$b(g) = b'(g).$$

Le théorème en résulte car :

$$b(f) = b(D_z^p\, g) = D_x^p\, b(g)$$

et
$$b'(D_z^p\, g) = D_x^p\, b'(g)$$

car

$$\int_\Omega D_z^p\, g(x+iy)\,\varphi(x)\,dx$$
$$= \int_\Omega D_x^p\, g(x+iy)\,\varphi(x)\,dx$$
$$= (-1)^p \int_\Omega g(x+iy)\, D_x^p\, \varphi(x)\,dx$$

§ 4. - Résultats divers.

a) Équations de convolution.

THÉORÈME 441.

Soit $u \in \mathcal{E}'(\mathbb{R}^n)$, $v \in \mathfrak{A}'(\mathbb{R}^n)$ v ayant un support ponctuel. Alors :

$$u * B(\mathbb{R}^n) = B(\mathbb{R}^n)$$
$$v * B(\mathbb{R}^n) = B(\mathbb{R}^n)$$

Démonstration.

D'après le théorème 421 il existe un isomorphisme b

$$\frac{H(\mathbb{C}^n \# \mathbb{R}^n)}{\sum_i H((\mathbb{C}^n)^i)} \xrightarrow[b]{} B(\mathbb{R}^n)$$

qui commute avec la convolution. Comme $\mathbb{C}^n \# \mathbb{R}^n$ est réunion disjointe de tubes convexes , le théorème 441 résulte du théorème A 41.

COROLLAIRE.

Soit $u \in \mathfrak{a}'(\mathbb{R}^n), \sigma(u) = \{0\}$.

Alors pour tout ouvert $\Omega \subset \mathbb{R}^n$

$$u * B(\Omega) = B(\Omega).$$

b) Hyperfonctions définies sur un ensemble analytique défini par une équation.

Soit Ω un ouvert connexe de $\mathbb{R}^n$, $f \in \mathfrak{a}(\Omega)$ $(f \neq 0)$ et B_f le faisceau :

$$0 \longrightarrow B_f \longrightarrow B \xrightarrow[f]{} B \longrightarrow 0$$

ce faisceau est concentré sur l'ensemble $f^{-1}(o)$ et est flasque d'après le théorème 332.

Soit $\tilde{\Omega}$ un ouvert de $\mathbb{C}^n$ tel que f se prolonge à $H(\tilde{\Omega})$ et tel que $\tilde{\Omega} \cap \mathbb{R}^n = \Omega$.

THÉORÈME 442.

Les groupes $H^p_\Omega(\tilde{\Omega}, \mathcal{O}/f\mathcal{O})$ sont nuls pour $p \neq n-1$ et on a un isomorphisme :

$$H^{n-1}_\Omega(\tilde{\Omega}, \mathcal{O}/f\mathcal{O}) \simeq B_f(\Omega).$$

Démonstration.

On a la suite exacte de faisceaux sur $\tilde{\Omega}$:

$$0 \longrightarrow \mathcal{O} \xrightarrow[f]{} \mathcal{O} \longrightarrow \mathcal{O}/f\mathcal{O} \longrightarrow 0$$

d'où la suite exacte :

$$0 \longrightarrow H^{n-1}_\Omega(\tilde{\Omega}, \mathcal{O}/f\mathcal{O}) \longrightarrow H^n_\Omega(\tilde{\Omega}, \mathcal{O}) \xrightarrow[f]{} H^n_\Omega(\tilde{\Omega}, \mathcal{O})$$

$$\longrightarrow H^n_\Omega(\tilde{\Omega}, \mathcal{O}/f\mathcal{O}) \longrightarrow 0.$$

D'après le théorème 331 on a la suite exacte :

$$0 \longrightarrow B_f(\Omega) \longrightarrow B(\Omega) \xrightarrow[f]{} B(\Omega) \longrightarrow 0$$

Le théorème 442 résulte alors de la comparaison de ces deux suites compte-tenu de l'isomorphisme de SATO

$$H^n_{\Omega}(\tilde{\Omega}, \mathcal{O}) \xrightarrow{\sim} B(\Omega)$$

qui commute avec f.

Le théorème 442 pourrait se généraliser (20) en remplaçant $\mathcal{O}/f\mathcal{O}$ par des $\mathcal{O}$-modules "réguliers".

c) Théorème du Edge of the Wedge.

THÉORÈME 443.

Soit $\tilde{\Omega}$ un ouvert d'holomorphie de $\mathbb{C}^n$, $\tilde{\Omega} \cap \mathbb{R}^n = \Omega$. Soit

$$\tilde{\Omega}^+ = \tilde{\Omega} \cap \{y_1 > 0, \dots y_n > 0\}$$

$$\tilde{\Omega}^- = \tilde{\Omega} \cap \{y_1 < 0, \dots y_n < 0\}$$

Soit $f^+ \in H(\tilde{\Omega}^+)$, $f^- \in H(\tilde{\Omega}^-)$ et $f \in H(\tilde{\Omega} \# \Omega)$ défini par :

$$f = (f^+, 0 \dots 0, f^-, 0 \dots 0) .$$

Supposons que

$$b(f) = 0$$

alors il existe une fonction holomorphe h au voisinage de Ω qui coïncide avec f^+ dans $\tilde{\Omega}^+$ et avec $(-1)^{n+1}$ f^- dans $\tilde{\Omega}^-$.

Nous ne donnerons la démonstration de ce théorème que pour n = 2 .

COROLLAIRE.

Soit avec les notations du théorème 443, $f^+ \in H(\tilde{\Omega}^+)$ et $f^- \in H(\tilde{\Omega}^-)$.

Supposons que

$$\forall \varphi \in \mathcal{D}(\Omega) \text{ l'intégrale}$$

$$\int_{\Omega} (f^{+}(x+iy) - f^{-}(x-iy'))\, \varphi(x)dx$$

tende vers 0 quand y et y' tendent vers 0 par valeurs positives (i,e : y_i, $y'_i > 0$ $i = 1 \dots n$). Alors il existe une fonction h holomorphe au voisinage de Ω qui coïncide avec f^{+} dans $\tilde{\Omega}^{+}$ et f^{-} dans $\tilde{\Omega}^{-}$.

Démonstration du corollaire.

Soit $f \in H(\tilde{\Omega} \# \Omega)$ définie par :

$$f = (f^{+}, 0 \dots 0, (-1)^{n+1} f^{-}, 0 \dots 0)$$

D'après le théorème 432 on a

$$b(f) = 0 \quad .$$

On applique alors le théorème 443.

Démonstration du théorème pour n = 2 .

Reprenons les notations du § 2. d) (Exemple et remarques).

Il existe des fonctions holomorphes

$$f_i \in H(\omega_i \cap \tilde{\Omega}) \text{ avec :}$$

$$f^{+} = f_1 + f_2$$

$$0 = f_2 + f_3$$

$$f^{-} = f_3 + f_4$$

$$0 = f_4 + f_1$$

Soit h_1 la fonction holomorphe dans $(\omega_1 \cup \omega_4) \cap \tilde{\Omega}$ qui prolonge f_1 et $-f_4$ et h_2 celle qui prolonge $-f_2$ et f_3 .

D'après le "théorème des polydisques" (19, théorème 246) h_1 et h_2 se prolongent en fonctions holomorphes au voisinage de Ω , d'où le théorème en posant dans ce voisinage :

$$h = h_1 - h_2 .$$

COMMENTAIRES

Le résultat central de ce chapitre et le premier dans la théorie , le théorème 412 , est dû à SATO (32).

Notre démonstration du théorème 411 est grâce au théorème 142 (c'est pourquoi nous avons préféré donner au chapitre I une démonstration directe de ce théorème) plus simple que celle de MARTINEAU (27) qui utilise la résolution de DOLBEAULT de $\mathcal{O}$ et le corollaire 2 du théorème B 35. La méthode de démonstration de ce théorème est due à SERRE (38) .

Le recouvrement du paragraphe 2 est particulièrement commode. Il a été introduit par SATO et a aussi été étudié par HARVEY (17).

Dans (28) (cf aussi (30)) MARTINEAU étudie la représentation des distributions pour des recouvrements généraux. Les résultats des paragraphes 3 et 4 c sont des cas particuliers de cet article.

Le théorème 441 est aussi dû à MARTINEAU.

B I B L I O G R A P H I E

1 BENGEL (G.). - Das Weylche Lemma in der Theorie der Hyperfunktionen. Math. Zeit, t. 96, p. 373-392, 1967.

2 BOMAN (J.). - On the intersection of classes of infinitely differentiable functions . Arkiv för Mat. B 5 4220, p. 301-309, 1963.

3 BOURBAKI (N.). - Espaces vectoriels topologiques. Hermann, Paris, 1955.

4 BOUTET de MONVEL (L.) et KREE (P.). - Pseudo-differential operators and Gevrey classes . Ann. Inst. Fourier, t. 17, p. 295-323, 1967.

5 BREDON (G.-E.). - Sheaf theory . Mac Graw Hill, N.Y., 1967.

6 CARTAN (H.). - Variétés analytiques réelles et variétés analytiques complexes. Bull. Soc. Math. France, t. 85, p. 77-100, 1957.

7 CHOU (C.-C.). - Problème de régularité universelle. Comptes-rendus Acad. Sci. 260, Série A, p. 4397-4399, 1965.

8 de WILDE (M.). - Théorème du graphe fermé et espaces à réseaux absorbants Bull. Math. Soc. Sci. R.S. Roumanie, t. 11, p. 225-238, 1968.

9 EHRENPREIS (L.). - Solution of some problems of division. Amer. Journ. of Maths, t. 82, p. 522-588, 1960.

10 EHRENPREIS (L.). - A fundamental principle for systems of linear differential equations with constant coefficients and some of its application. Proc. Intern Symp. on linear spaces, p. 161-174, Jérusalem, 1961

11 GODEMENT (R.). - Théorie des faisceaux. Hermann, Paris, 1964

12 GRAUERT (H.). - On Levi's problem and the embedding of real analytic manifolds. Ann. of Math , Série 2, t. 68, p. 460-472, 1958.

13 GROTHENDIECK (A.). - Espaces vectoriels topologiques. Soc. Math. Sao Paulo, 1964.

14 GROTHENDIECK (A.). - Cohomologie locale. Lecture Notes in Math. 41, Springer, 1967.

15 GROTHENDIECK (A.). - Sur les espaces de solutions d'une classe générale d'équations aux dérivées partielles. J. Analyse Math. 2, p. 243-280, 1952-1953.

16 GUNNING (R.-C.) et ROSSI (H.). - Analytic functions of several complex variaables. Prentice Hall, 1965.

17 HARVEY (R.). - Hyperfunctions and partial differential operators. Thesis. Stanford Univ., 1966.

18 HÖRMANDER (L.). - Linear partial differential operators. Springer Verlag, 1963.

19 HÖRMANDER (L.). - Introduction to complex analysis in several variables. Van Norstrand, 1966.

20 KANTOR (J.-M.). - Hyperfonctions cohérentes. C.R.Acad.Sci. 18, Série A, t. 269, p. 18-20, 1969.

21 KOMATSU (H.). - Resolutions by hyperfunctions of sheaves of solutions of differential equations with constant coefficients. Math. Annalen, t. 176, p. 77-86, 1968.

22 LIONS (J.-L.) et MAGENES (E.). - Problèmes aux limites non homogènes et applications. T. 3 (à paraître).

23 MALGRANGE (B.). - Existence et approximation des solutions des équations aux dérivées partielles et des équations de convolution. Ann. Inst. Fourier, t. 6, p. 271-355, 1955-1956.

24 MALGRANGE (B.). - Sur les systèmes différentiels à coefficients constants. Coll. C.N.R.S., Paris, p. 113-122, 1963.

25 MALGRANGE (B.). - Faisceaux sur des variétés analytiques réelles. Bull. Soc. Math. France, t. 85, p. 231-237, 1957.

26 MARTINEAU (A.). - Sur les fonctionnelles analytiques et la transformée de Fourier-Borel. Journ. Anal. Math. Jérusalem, t. 11, p. 1-164, 1963.

27 MARTINEAU (A.). - Les hyperfonctions de M. SATO. Sém. Bourbaki, 13e année, n° 214, 1960-1961.

28 MARTINEAU (A.). - Distributions et valeurs au bord des fonctions holomorphes. Proc. of the Intern. Summer Institute Lisbon, 1964.

29 MARTINEAU (A.). - Equations différentielles d'ordre infini. Bull. Soc. Math. France, t. 95, p. 109-154, 1967.

30 MARTINEAU (A.). - Théorèmes sur le prolongement analytique du type "Edge of the wedge". Sém. Bourbaki, 20e année, 4340, 1967-1968.

31 ROUMIEU (C.). - Sur quelques extensions de la notion de distribution. Ann. Sci. Ec. Norm. Sup., t. 77, p. 41-121, 1960.

32 SATO (M.). - Theory of hyperfunctions I et II. Journ. Fac. Sci. univ. Tokyo, t. 8, p. 139-193 et p. 387-437, 1959-1960.

33 SCHAPIRA (P.). - Sur les ultradistributions . Ann. Sci. Ec. Norm. Sup. 5e série, t. 1, Fasc. 3, p. 397-415, 1968.

34 SCHAPIRA (P.). - Solutions hyperfonctions des équations aux dérivées partielles du premier ordre. A paraître au Bull. Soc. Math. France, 1969.

35 SCHAPIRA (P.). - Une équation aux dérivées partielles sous solutions dans l'espace des hyperfonctions. C.R. Acad. Sci. 265, Série A, p. 665-667, 1967.

36 SCHAPIRA (P.). - Problème de Dirichlet et solutions hyperfonctions des équations elliptiques . Bolletino della Unione Mat. Ital. Série 4, p. 367-372, Juin 1969.

37 SCHWARTZ (L.). - Théorie des distributions. T. 1 et 2, Hermann, 1950-1951.

38 SERRE (J.-P.). - Un théorème de dualité. Comm. Math. Hel , t. 29, p. 9-26, 1955.

39 SWANN (R.-G.). - The theory of sheaves Univ. of Chicago Press, 1964.

Offsetdruck: Julius Beltz, Weinheim/Bergstr.